松原 始
Hajime Matsubara

鳥類学者の目のツケドコロ

ベレ出版

第1章 隣鳥の暮らしぶり

ハシブトガラス
電線からゴミを狙っている

ハシボソガラス
河原で採餌中

III

スズメ
代々木公園にて。足元まで寄ってきた

ツバメ
長い尾を持っているが、
よく見ると一番外側の
尾羽の先だけが伸びて
いるのがわかる
(Emi/Shutterstock.com)

イエガラス
マレーシア、ランカウイ島にて撮影。この島の個体群はスリランカからの移入種である

コサギ
コサギの特徴である、足先の黄色に注目

ハクセキレイ
市街地の畑で撮影。このように、必ずしも水辺でなくとも分布している

ヒヨドリ
ヒヨドリがここまで低いところに来るのは珍しいが、落ちているミカンを食べようとしていたようだ

ミヤマガラス
左は若鳥で、クチバシ基部に鼻羽が残っている。右は成鳥

第3章

鳥の社会もつらいよ

ニシコクマルガラス
スウェーデン、ストックホルムにて。
カフェで客を待ち構えていた個体

カワセミ
オス。メスは下クチバシに赤色が入る。
写真では大きく見えるが、スズメ
ほどの小鳥
(non15/Shutterstock.com)

コチドリ
くっきりした模様と、
目の周りの黄色いリングが特徴
(xpixel/Shutterstock.com)

カルガモ
雌雄同色。カモとしては
例外的に地味

チョウゲンボウ：メス。オスは頭と背中が灰色。
丸い頭がかわいらしいが、ハヤブサの仲間である

イソヒヨドリ
オス。内陸でも見られるが、これは海岸で撮影したもの

トビ
全体に暗色だが、
翼下面の白色部が特徴。
浅い二叉〜三角形の尾羽も、
日本の猛禽ではトビだけ
（Michel Godimus/
Shutterstock.com）

ウグイス
これが真実の「ウグイス色」。
緑がかってはいるが、地味な鳥である
（yasuo inoue/Shutterstock.com）

ハヤブサ
黒灰色の背中と、顔の模様が特徴的。
ビル街にも住み着くことがある
（dream nikon/Shutterstock.com）

はじめに――カラス屋は鳥屋でもあります

私は学生の頃からカラスを中心に研究しています。「カラスといえば松原」の域には達していませんが、「松原といえばカラス」くらいには思われている気がします。

ですが、決してカラスしか見ない！　というわけではありません。他の鳥だって大好きだし、バードウォッチングに行けば他の鳥も見ているし、知床に行けばちゃんとオオワシの写真だって撮ります。まあ、飛んでいる鳥を双眼鏡の視野に入れては「ワタリガラス！　……ちぇっ、ワシかよ」などと神をも恐れぬ言葉を口にしたのは事実ですが（オオワシは極東にしか分布しないので、世界的にはとても珍しい鳥なのです）。とにかく、日々、家を出て職場に向かうまでの間に見かける、ごく普通の鳥たちも、大好きです。

今朝も出勤中に、カラスの巣を探したり、スズメが足元をチョコチョコ飛び跳ねているのを邪魔しないようちょっと避けて通ったり、イソヒヨドリが鳴いていないか耳をすましたり、電車が鉄橋を渡るときにサギを探したり、そんなことをしていました。

都会に暮らしていても、私たちの周りには鳥たちがたくさんいます。この本では、そういった日常の風景の中の鳥たちを取り上げました。

もちろん、そういった鳥を眺めているだけでも幸せな気分になれますし、写真を撮るのも楽しいものです。ですが、さらにちょっと研究的な目で、「この鳥は何をしているのかなー」と思って眺めてみると、面白い発見があります。例えば、オオバンが潜ったり浮いたりを繰り返している横に、1羽のヒドリガモが意味ありげにくっついているのを見たことがあります。その理由は、オオバンが水草をくわえて浮いてきた瞬間にわかりました。自分では潜れない（正確には、頑張ったら潜れないこともないが下手くそな）ヒドリガモは、オオバンが顔を出した途端、すごい勢いで水草を横取りしたのです。

この本では、そういった鳥の観察例や研究例、「他の鳥でわかっていることをこの鳥に当てはめてみると？」という思いつきを紹介します。例えば、「カラスの縄張りってどうなってんの？」「セキレイって昔から駐車場にいたっけ？」といったことです。

鳥を観察する目を養っておけば、「あれ、なんでこいつがこんなところに」「こいつは何でこんなことをしているんだ？」と気づくこともあるでしょう。身の回りは鳥でいっぱいで、その鳥はじつにさまざまな行動を見せてくれるからです。

ここで紹介した鳥のあれこれは、そのほんの一部にすぎません。そして、人間は鳥のすべてを知っているわけではありません。もしかすると、新たな発見の第一歩が、あなたの家の前から始まるかもしれません。

どうぞ、楽しい鳥類観察を。

鳥類学者の目のツケドコロ◎もくじ

第1章 隣鳥の暮らしぶり

第2章　鳥の振る舞いアレコレ

第3章　鳥の社会もつらいよ

第4章　鳥の素顔に迫る

第1章

隣島の暮らしぶり

◎ナワバリを調べる

ハシブトガラス

Corvus macrorhynchos

全長56センチメートル。日本を代表する都市の鳥。大きなクチバシと「カア」という声が特徴。

都市にカラスがいるのは日本だけ？

数年前のことです。中国からの観光客に対し、「日本で一番、印象に残ったことは？」というアンケートをとったところ、回答のトップが、「街なかに大きなカラスがたくさんいたこと」だったというニュースがありました。それが、このハシブトガラスです。

ハシブトガラスは日本で繁殖するカラス2種のうちの1種です。みなさんが普通に「カラス」と聞いてイメージするカラス、都会でゴミを荒らしてカアカアと鳴くカラス、それがハシブトガラスだと思えば、ほぼ間違いないでしょう。よく見かけるカラスとしてはもう1種、ハシボソガラスがいますが、これについては次に。

ハシブトガラスはパキスタンからインド、ヒマラヤ地方、インドシナからマレー半島、インドネシア、ボルネオ島、フィリピン、中国南部から東部、台湾、朝鮮半島、日本、ロシア沿海州からサハリンまで分布しています。ただし、フィリピンのものは本当にハシブトガラスかどうか、ちょっと怪しいところが出てきました。形は似ていますが、遺伝的にはかなり離れているため、別種としたほうが妥当かもしれません。また、２０１６年にはＩＯＣ（国際鳥学会議）がインド産亜種の一つ、*C. m. kuluminatus*を別種としました。亜種というのは、別種とまでは言わないが、見かけや分布が違うのでまったく同じとも言いたくない……という程度の違いです。生物学的に言えば、「今後、別種に分かれてゆくかもしれない個体群」と言ってもよいでしょう。今回は、「亜種どころか、もう別種としてもいいんじゃないか」という判断になったわけです。今後もハシブトガラスの分類は少しずつ変わるかもしれません。

さて、分布から言えば、中国にもハシブトガラスはいます。では、なぜ、中国人観光客はそんなに驚いたのでしょうか？

その理由は、大都市に大型のカラスが多数生息しているのが、日本くらいだからです。もちろん他の国の都市にもカラスはいるのですが、それほど多くはなかったり、もっと小型の種類だったりします。ハシブトガラスは全長56センチメートル、翼開長は1メートルほどになる、かなり大型のカラスです。これが人間をものともせず、我が物顔にそのあたりに止まっているのは、世界的にはやはり珍しいことで

しょう。

では、中国をはじめ、外国のハシブトガラスはどこで何をしているのでしょうか？

彼らは、もともとは森林性の鳥だったと考えられています。実際、台湾では山地の森林にいますし、ヒマラヤ地方での分布は森林の存在に影響されています。もともと、森林を離れたくない鳥なのです。

では、森林性だった鳥が、なぜ、日本を代表する都市の鳥になったのでしょうか？

森林と都市は同じ!?

人間にとって、森林と大都市は対極にあるように感じられます。一方は手つかずの自然の代表、もう一方はすべてを人工物で覆い尽くした環境です。なぜ、かくも両極端な環境に住みつくのでしょう？

1950年代にハシブトガラスとハシボソガラスを比較した樋口行雄らは、標高の高いねぐらにハシブトガラスが多いことを発見し、ハシブトガラスは山地の鳥だと結論しました。

ですが、その後の樋口広芳の研究により、ハシブトガラスは山地以外に、都市部にも多い鳥だと確認されました。樋口広芳は、山地に多いように見えるのはハシブトガラスが森林性だから、都市部に多いのは、スカベンジャー（動物の死骸や食べ残しを漁る、自然界の掃除屋）であるハシブトガラスにとってゴミの多い環境は住みやすいから、と結論しています。

後述しますが、私が１９９０年代に京都を中心に調査したところ、ハシブトガラスはハシボソガラスと比べて、開けた環境をあまり利用せず、そういった場所での採餌が苦手であることがわかりました。ハシブトガラスはあまり地上に下りたがらず、地面を歩いて餌を探し回るのも、あまり得意ではないのです。

これらをまとめると、ハシブトガラスが好むのは「垂直方向の構造がたくさんあり、止まって下を見下ろしながら餌を探すことができる」という環境だと結論できます。建造物や電柱が立ち並び、朝になれば路上にゴミが出される都市部は、ハシブトガラスにとっては森林とあまり変わらない条件をもった環境であり、むしろ餌の量という点では森林よりも住みやすいでしょう。カラスはスカベンジャーでもあ

りますから、人間の出したゴミも、当然、餌となるわけです。ただし、カラスにとって餌が得やすいということが、同時に人間にとっては「ゴミを荒らされる」という問題になっているのは皮肉なことです。

他の奴は入ってくるな

さて、ハシブトガラスのゴミ漁りも問題になりますが、もう一つ、カラスは「人を襲う鳥」というイメージが強いでしょう。これは、繁殖期のカラスが巣に近づく外敵を威嚇し、時には攻撃して追い払おうとするからです。

ハシブトガラスが繁殖できるようになるのは、早くとも3歳くらいからと言われています。生まれた翌年にはまだ生殖腺が未発達で、繁殖できません。その翌年も、まだ社会的に未成熟で、ナワバリが確保できないのでしょう（野外でカラスの繁殖開始年齢がわかったという研究は少ないので、断言できるほど確かではありませんが）。

生物学の用語で言うと、動物のナワバリとは、「個体もしくは複数個体によって排他的に利用される空間」のことです。つまり、「ここはオレ（たち）のものだ、他の奴は入ってくるな」という支配が及ぶ範囲、少なくとも本人はそう思っている

気ままに移動するハシブトガラス

範囲が、ナワバリということです。単にそこで行動していたというだけではなく、その場からよそ者を排除しようとしていたかどうかが重要です。

じつは、公園などで群れているカラスの集団はナワバリを持っていません。餌を取り合ってケンカしていることはありますが、これは「その餌」という対象物を奪い合っているだけで、場所を占有しているわけではありません。餌がなければ、誰がいても別に追い出そうとはしません。彼らはまだナワバリを持たず、繁殖していない若いカラスなのです。

群れている個体は居場所が決まっておらず、日によって居場所を変えてしまいますし、どの集団に入るかも決まっていません。森下英美子らの研究によると、PHS発信器をカラスに取りつけて東京のカラスを追跡した結果、昨日は上野公園のねぐらで眠って、今朝は本郷で餌を取って、今夜は小石川のねぐらで寝る、といった気ままな移動を繰り返していることがわかっています。まさに烏合《うごう》の衆で、決して「集団で統制をとって行動する」といったものではありません。この意味からも、カラスの群れを軍団になぞらえたりするのは間違いなのです。

若いカラスは集団の中でペアを作り、2羽で連れ立ってナワバリを探します。うまくナワバリを確保できれば、繁殖を開始します。ですから、繁殖しているペアは、必ずナワバリを構えています。* ナワバリにはそのペア、そして子供たちだけが滞在

＊ 例外的に、20年ほど前の上野公園では巣の間隔がわずか10メートルほどという例もありました。この場合、巣の周りだけを防衛していて、餌場は共有されていたと考えられます。上野の繁華街があまりにもよい餌場であったので餌場を占有する必要がなく、かつ隣接して上野公園という営巣に適した場所があったために多数のペアが集まってしまい、占有したくてもできなかったのでしょう。

を許されていて、他のカラスが侵入しようとすると追い出してしまいます。このように「明確にその場所を占有して（あるいは、しようとして）いる」のがナワバリです。ナワバリを得るのは大変なので、一度決まったナワバリをそう簡単に手放すことはないようです。

日本のハシブトガラスは基本的に留鳥（渡りをしない鳥）なので、一年中、ナワバリを維持しています。繁殖期ではないからといって、うっかり留守にすると、ナワバリの空きを狙っている若いペアが分捕ってしまい、奪還するのが大変なのでしょう。

カラスは群れの中でペアを作り、それから2羽でナワバリを探します。繁殖するのはナワバリを得てからです。子育てするなら、就職してちょっと広い家に引っ越して、生活の基盤ができてから……というようなものでしょうか。

さて、ナワバリはその空間から誰かを追い出すことで規定されるものですが、ナワバリから真っ先に排除されるのは、同種の他個体です。なぜなら、同種ということは、要求する資源がすべて自分と同じだからです。せっかくナワバリの中の資源を占有したのに、これを荒らされてはたまったものではありません。

また、繁殖を考えれば、同種で同性というのも危険な相手です。特にオスにとっては、よそのオスが交尾だけして逃げてしまった場合、遺伝的には自分の子供ではないヒナの養育を押しつけられることになります。平たく言えば、浮気されるのはゴメンだ、ということです。メスの場合、よそのメスが勝手にペアのオスと交尾してよそで卵を生んでも、それだけでは特に損失ではありません。オスが二叉をかけて自分と自分の子供の世話をおろそかにしたり、よそのメスが図々しく押し掛け女房になって自分たちのナワバリの中に巣を作ったりすれば、これは損失になります。

一方、資源の要求が異なる種類ならば、ナワバリに入っても特に問題ではありません。ですから、スズメやハトがナワバリ内にいても、カラスは気にしません。厳密に言えば餌が重なる部分もあるので、他の鳥に食いつぶされる資源もあるはずですが、わざわざ目を光らせて、いちいち追い出すコストを考えれば、無視してもよい程度、ということでしょう。またカラスはかなり大型の鳥なので、もし餌を食べようとしたときに他の鳥が邪魔になるなら、そのときだけ追い払ってしまうのは簡単です。

その結果、ハシブトガラスのナワバリから排除されるのは、まず同種であるハシブトガラス、次に、近縁なカラス類であるハシボソガラスということになります。また、カラスは天敵である猛禽類を非常に嫌うので、ナワバリに接近するトビなどはすべて排除されます。

一方、地上の動物はあまり気にしていません。ただ、繁殖期だけは、卵やヒナの敵となる動物が巣に近づくと、大声で鳴いて威嚇することがあります。イヌやネコ、そして、人間も敵認定されている場合があります。

本来、カラスは飛んで逃げることができるので、地上にいる捕食者はあまり怖くありません。唯一、地上で餌をとっている間は注意がいりますが、それは周囲を警戒していれば済むことです。わざわざ自分より大きくて強力な捕食者に立ち向かって打ち負かす必要はありません。捕食者を排除できれば一番いいのでしょうが、そのために自分が怪我をしたり、返り討ちにあってしまっては意味がないのです。

ただし、野生動物がそういった条件を自分の頭で計算しているわけではなく、おそらく「気に入らないからやっつけよう」「怖いから逃げよう」という相反する情動が、絶妙なバランスをとっているということです。もちろん個体差は大きいのですが、過剰に勇敢すぎたり慎重すぎたりする性格の個体は、進化の中で淘汰されて

きたのでしょう。

ナワバリの大きさを調べる

さて、ハシブトガラスのナワバリの大きさは、どのくらいなのでしょうか？すでに述べたように、ナワバリとは自分たちに必要な資源を囲い込んだ場です。よって、重要なのは広さそのものではなく、そこにどれだけの資源があるか、になります。資源が多ければナワバリは狭くても大丈夫だし、資源が少ない環境なら、ナワバリは大きくなるでしょう。

もちろん、資源の多いところで広いナワバリを構えれば一番いいのですが、そういうよい環境には、多くの個体が住み着こうとします。そうなればもちろんペア間で争いが起こり、最終的には「その場の資源量に見合うだけ」の個体が住み着くことになります。「その環境には何個体が住めるか」を「環境収容力（carrying capacity）」と表現します。このキャパシティを決めるのは餌であったり、営巣場所であったり、いろいろです。個々のペアがどれだけの資源を分捕れるかは、それぞれの戦闘力や防衛能力によって上下するでしょう。

ナワバリの広さはもちろん、資源の密度によって異なるのですが、黒田長久の研究によれば、１９７０年代の渋谷で６ヘクタール程度、赤坂で49ヘクタール。私が調べた１９９０年代後半の京都市内では、６ヘクタールから10ヘクタール強。郊外だと20から30ヘクタール程度になります。ゴミ漁りのしやすい街なかならば、せいぜい10ヘクタール程度、ということは、３００メートル四方と考えれば、「ハシブトガラスのナワバリ」のサイズ感がつかめるでしょうか。これを広いと見るか、狭いと見るかは意見の分かれるところかもしれませんが、私は「狭い」と見ます。

例えば、オオタカ、ハヤブサ、ノスリといった猛禽のオスの体重は、ハシブトガラス程度です。もし、猛禽が1家族つまり4羽くらい、３００メートル四方の範囲内に住める、それで餌資源は十分だと言われたら、ちょっと驚きます。もちろんカラスはあり余るゴミを食べているからこそ、そんな狭い範囲に住めるわけですが、逆に言えば、それだけの資源を集約的に利用している（そして捨てている）のが都会だ、ということです。

ちょっと面白い観察をしたことがあるのですが、奈良市内で私の見ていたハシブトガラスのペアは、ナワバリ内に３つのゴミ集積所を確保していました。うち１つ

がゴミネットによって使えなくなると、このペアはナワバリをずらして、また3つのゴミ集積所を囲い込みました。さらにその中の2つが使えなくなると、またナワバリをずらして、今度は4つのゴミ集積所を確保しました。

もちろん、ゴミ集積所の質はすべて同じではなく、よい餌場や悪い餌場が混じっていたはずです。また、地域によってゴミの回収方式も違いますから、「ゴミ集積所1つ分」の資源量もさまざまです。ですが、私の観察した場所と時期においては、このペアにとって「ナワバリの中に必要な資源量」はおおむね、ゴミ集積所3つ分だったようです。本当はもっと欲しかったのでしょうが、周囲にいるカラスを追いやってまで4つも5つも占有する余裕はなかったのでしょう。

ナワバリの外に出るか出ないか問題

さて、昔の生態学の教科書などを読むと、鳥のナワバリに関して「A型ナワバリ」「B型ナワバリ」といった分類がされていることがあります。これはE.O.ウィルソンの類型化に基づくもので、A型は営巣と採餌のすべてをナワバリ内で完結させるもの、B型は営巣をナワバリ内で行ない、採餌はほぼナワバリ外で行なう

ものをさします。実例を挙げれば、ハシブトガラスやホオジロはA型ナワバリ、オオヨシキリは（雌雄で行動範囲が違いますが、特にメスの場合）B型ナワバリとなります。

ですが、生物の行動というのは、類型化しきれない部分があります。「大ざっぱに言えばこんな感じ」という知識を持っておくのは重要ですが、類型にとらわれすぎて「定義からしてA型ナワバリだから外には出ないはずだ！」といったことを考えるのは危険です。類型というのは、生物の行動を表現したものです。表現に行動が縛られるのではありません。

例えば、黒田長久は１９６９年の論文で、赤坂で観察していたハシブトガラスが渋谷に現れた、という目撃情報に触れています。それも、繁殖期の、赤坂に巣を構えていたときに、渋谷で目撃されているのです。

このとき観察されていた個体はバフ変個体といい、突然変異によって羽毛が黒ではなくバフ色（淡褐色）に変化したものでした。バフ変個体は非常に珍しいので、東京に何羽もいたとは思えません。おそらく1羽だけだったでしょう。よって、人為的な標識（足環やウィングタグなど、その個体を見分けるための目印）をしてい

なくても、「バフ変のハシブトガラスがいる」という目撃情報だけで、個体識別の代わりになります。……まあ厳格なことを言えば「確実に同じ個体だ」とは言えないのですが、「同一個体だったことを極めて強く示唆する」くらいは言ってもよいでしょう。

さて、黒田によると、この個体のナワバリは赤坂にあり、広さはざっと49ヘクタール、円にすれば直径800メートルほどに相当します。それに対し、赤坂と渋谷の間は約5キロメートルあり、日常のナワバリの範囲の、はるか外にあります。つまり、バフ変個体はヒョイとナワバリから飛び出し、5キロも先の渋谷で他のカラスにまぎれて餌を漁った後、またナワバリに戻っていたということになります。

このような遠出は、時折観察されます。私が京都で見ていたハシブトガラスの1ペアも、昼頃に突然飛び立ち、2羽で並んで旋回しながら上昇すると、東山を超えて飛び去ってしまったことがありました。地図で見ると、東山の稜線までは約5キロあります。カラスは山に下りたのではなく、稜線を超えて飛び続け、山の陰になって見えなくなりました。どこまで行ったのか、残念ですがさっぱりわかりません。ちなみにこのペアは1時間ほどして、何食わぬ顔で戻ってきました。戻ってくるなりクチバシを枝にこすりつけて磨き、ヒナに給餌していたことがあるので、少なくともこの1回は、行った先で餌を見つけていたことがわかります。つまり、1日のうち23時間はナワバリを一歩も出ずに大人しく暮らしていて、1時間だけ、5キロ以上も先まで採餌に出かけていたことになります。

もちろん、これが常にハシブトガラスのスタンダードというわけではありません。他のペアで、一日中まったくナワバリから出なかった個体も、観察したことがあります。

これをA型とかB型と言おうとするとどうなるでしょう？　普段を重視してA型とする？　それとも、土地利用の最大範囲を考えてB型とするほうがよいでしょうか？

私なら、「ほぼA型だが、ときにナワバリ外での採餌もある。その頻度は状況と個体による」とでも誤魔化しておくでしょう。実際、そうとしか書きようがないからです。

ハシボソガラス v.s.ハシブトガラス

さらに、ハシボソガラスとハシブトガラスのナワバリの絡み合いは、ちょっと面倒な場合があります。普通は素直にお互いを避け合っているのですが、この2種は優劣関係や生息環境に微妙な違いがあり、そのためにおかしなナワバリが生じることがあります。

例えば、私が京都で観察したハシブトガラスの中には、下鴨神社で営巣しているが、主な餌場は川を渡った先の市街地、というものが何ペアかいました。彼らは巣の回りはもちろん、ナワバリとして防衛しています。ところが、河川に達すると急に黙り込んで、急いで飛び越えようとします。河川にはハシボソガラスがいるからです。

じつのところ、河川沿いはハシボソガラスのナワバリで埋め尽くされているのです。ハシブトガラスはその隙間を縫うように飛んできますが、河川の上空だけは、どう飛ぼうと必ずハシボソガラスのナワバリに入ってしまいます。そうすると、ハシボソガラスが怒って、追い出そうとします。このとき、ハシブトガラスは反撃しません。河川は自分のナワバリではない、と認識しているのです。

ところが、川を渡って市街地に達すると、急に防衛行動をとり始めます。川の向こう側は再び自分のナワバリである、という認識なのです。つまり、巣のある部分と餌場部分の2つに分かれたナワバリがあり、その間には他種のナワバリが挟まっていて、そこではハシボソガラスを尊重するように、自分のナワバリを主張しないという不思議なことが起こっていたのです。

次で述べるハシボソガラスの採餌行動についても合わせて読んでもらいたいのですが、結論から言えば、ハシブトガラスとハシボソガラスの環境利用の違いが、このおかしなナワバリの原因です。ハシブトガラスにとって河川敷は利用価値の低いところなので、ハシボソガラスとケンカしてまで占有する意味がないのです。一方、市街地は餌場として必須なので、ここは譲りません。利用価値のある場所だけを防衛して、無駄な防衛コストをかけないようにしているわけです。

ナワバリを防衛するにはコストがかかります。こまめにパトロールして侵入者を見張るのも、侵入しようとしたライバルに向かって鳴き声をあげるのも、飛んでいって威嚇するのも、すべて時間とエネルギーを必要とするからです。コストをかけることで得られる資源が増えるならそれは利益なのですが、コストに見合わないな

ら、やる意味がありません。むしろ、やらないほうが得です。つまり、ナワバリを持つかどうかという問題は、「資源を占有することによって増えた純益」があるかどうかという、経済の問題に帰着するのです。

このように「飛び地」を持っているなどという不思議なナワバリの形式は初めて見ましたし、おそらく報告されたこともなかったと思いますが、理屈は通っているのです。

ナワバリは季節によっても微妙に変化します。例えば、今、私が住んでいるアパートの前は、繁殖期はハシブトガラスの餌場となりますが、秋から冬にはハシボソガラスの居場所になります。今年は2月頃までハシボソガラスが居残っていたので、「おや、今年はここを奪い返したのか」と思っていたのですが、3月になって、やはりハシブトガラスに取り戻されてしまいました。これは、彼らのナワバリ防衛の強度が、言い換えれば「どれくらい真面目に守ろうとするか」が、季節によって変わるからです。

カラスの場合、ヒナを育てている間は大量の餌が必要ですが、夏の終わりから秋にかけてヒナが独立してしまうと、餌の必要量は急激に小さくなります。食べ盛りの子供が3人、家にいるときといないときの食費を想像してみてください。私は一人っ子でしたが、高校生の頃を思い出せば、多分、家の食料の半分近くを私が消費していたはずです。

　ということで、カラスとしては、ヒナが独立してからも、それまでと同様にガチガチにナワバリを守るのは無駄なのです。特にハシブトガラスはハシボソガラスより大柄で優位なので、仮にハシボソガラスがナワバリの一部に侵入してきたとしても、翌年の春にまた必要になれば奪い返せるでしょう。そういう意味では、必死に占有し続ける必要はありません。よって、秋から冬はお隣のハシボソガラスが利用してもあまり騒ぎ立てず、その代わり、春先になるとナワバリ防衛を強化して（あるいは防衛範囲を拡大して）、ハシボソガラスを追い出してしまうのです。この状況は、ここ7年ほど変わっていません。

　ですが、細かく見ていると、少し違いも出てきました。周辺アパートのゴミ入れが改良されてから、私の住んでいる街区の付近は餌が得にくくなっており、ハシブトガラスが敬遠しつつあるのです。よって、家のあたりは現在、誰のものとも言え

ない、非常に曖昧な緩衝地域となっています。

このような、その時々の利害関係によって揺らいでしまうような防衛ラインというのも、カラスのリアルな生活の一部です。研究者が論文を書くときには目的に応じて簡潔に図示したりしますが、実際の状況というのは、なかなか一言では表現しにくいことも多いのです。


ナワバリはどこにある？


さて、ナワバリはどうやって確認すればいいでしょう？

先に、ナワバリとは「本人が守っている、あるいは守っているつもりの場所だ」と書きました。カラスがどんな「つもり」でいるかは見えませんが、侵入者があれば、防衛範囲が人間にも見えてきます。幸い、カラスは大きくて目立つ鳥ですから、侵入者と防衛者、双方の動きを目で追うことができます。

例えば、遠くから飛んできた1羽のカラスがある箇所に達した途端、ビルの上に止まっていたカラスが大声で鳴き始め、さらに、飛んでいるカラスに向かって飛び立っていく、という場面があったとしましょう。おそらく、飛んできたほうが、た

激しい空中戦を繰り広げるハシブトガラス

また ま通りかかってナワバリに侵入してしまったカラス、ビルの上で鳴いたほうが、ナワバリを防衛しようと見張りをしていたカラスです。鳴いたのは「ここは自分のナワバリだぞ」と示すため、飛び立ったのは実力で相手を排除するためです。

もし、侵入者側が「あ、やばい」と気づいてすぐに進路を変え、ナワバリから出ていけば、それ以上追撃することはありません。というか、自分のナワバリを出たところというのは、大概の場合、お隣のペアのナワバリなのです。外まで追いかけていくと、今度は自分がお隣さんに怒られてしまいます。

　ですが、侵入者が「まあいいじゃん」と通過しようとすると、カラスは鳴きながら相手に接近し、「出ていかなければ叩き出す」と態度で示します。大概は相手と平行に飛んで追い出す程度で済みますが、ときには相手の後ろを取っての激しい空中戦になることもあります。

　これをよく見て、「あのビルの上まで来たらナワバリ所有者が怒りだした。そこからこう飛んで、あの道路の上まで行ったら反転して戻ってきた」という観察結果が得られたとすると、「ビルの上」「道路の上」がナワバリの境界線だとわかります。これを繰り返せば、カラスの防衛している範囲がすべて図示できる、というわけです。まあ、実際にはすべて囲うのは現実的ではないので、「ここで反転した」「ここまで入ったら怒った」というような点をいくつもプロットし、地図上にその最外郭を結んだ多角形を描いて、これを「ナワバリの範囲」と見なすわけです。

　この調査はそんなに難しいものではありません。ノートと地図さえあれば、根気よくカラスの行動を記入していくだけで、データが溜まります。実際には侵入者とナワバリ個体を同時に見ていなければいけないので、キョロキョロとかなり忙しい観察になりますが、まあ、慣れればなんとでもなります。

もっと言えば、観察しているうちに「我が物顔でナワバリの中をすっ飛んでいった、侵入者なのかナワバリ所有者なのかわからない個体」なども出てきますし、非常によい資源があれば隣のナワバリの持ち主が越境して来ることもあるので、どれがナワバリ所有者でどれが侵入者かを見分けるのは簡単ではないのです。でも、「個体が識別できているわけではないので間違っているかもしれないが」という前置きさえ忘れなければ、家の周囲のカラスのナワバリの範囲は、繁殖期1シーズンくらい見れば、十分にわかると思います。カラスのナワバリは基本的に素直なので、多分、直感的に図を描いてもそんなに間違っていません。

ナワバリ内の戦いアレコレ

ナワバリの防衛が激化するのはだいたい1月からです。この時期、隣接するナワバリとの境界線を決め直すために、カラスはしばしば、激しいケンカをしています。ヒヨドリやムクドリでも見られますが、ときには空中で相手に噛みつきながらボカスカと蹴りまくる、派手なケンカになることもあります。2羽がそうやって取っ組

み合ったまま羽ばたいているので、黒いカタマリがでたらめに回りながら落ちてきて、ひどいときには地面に落ちてもまだケンカをやめないことさえあります。カラスにとっては大変な時期ですが、観察するには面白い時期でもあります。そうやって派手にケンカしてくれればナワバリの範囲もよくわかります。

一方、秋頃にもナワバリ内で激しい戦いを見ることがあります。こちらは侵入者相手ではなく、その年に生まれた子供たちを追い出すためです。

ハシブトガラスの巣立ちビナは、早ければ8月頃に独立してナワバリを出ていきますが、秋まで残っていることもしばしばあります。ですが、独立可能なヒナをいつまでもナワバリ内で養っておくのは、親鳥にとって得策ではありません。来年もヒナを育てなくてはいけないのですから、図体の大きな子供たちがさらに2羽も3羽もいては、餌が足りなくなります。そこで、10月から11月頃にかけて、親鳥が子供を追い出そうとしてケンカが始まるのです。

子供相手の場合は取っ組み合いにはなりません。そもそも、子供たちが親にそこまでケンカをしかけないからです。この場合は、親鳥が一方的に子供たちを追い回します。ですが、子供は親のナワバリから出ていきたくないので逃げ出そうとせず、結果として闘争が激化するわけです。この場合はナワバリ内のどこであってもケンカが発生するので、ナワバリの境界線を確かめるのには役立ちません。

ちなみに、中村純夫の研究によると、ハシボソガラスの場合は父親のほうが積極的に子供を追い出そうとします。母親は優しいのです。私も、1羽が子供に攻撃をしかけ、もう1羽は攻撃に参加せずに、むしろ子供をかばおうとするように行動しているのを見たことがあります。また、独立したはずの子供らしき若いカラスがナワバリに「出戻って」くることがあるのですが、こういうときも、だいたい1羽は激しく攻撃し、もう1羽はあまり怒りません。恐らく、オスとメスで攻撃性がだいぶ違うのです。

ハシブトガラスでは調べられていませんが、もし、特定の1羽だけが積極的に攻撃をしかけるようなら、ハシボソガラスと同様、子供への寛容さに違いがあるのかもしれません。ただ、カラスの性別は見ただけでは非常にわかりづらい（というか、決め手がないので、見ただけではほぼわからない）ので、これだけでは「オスが攻撃的」とは決められないでしょう。そこまで知るためには、標識をつけ個体識別したうえでの観察が必要です。

こういう目で世界を見ていると、人間の暮らす街に、人間の用いる地図と重なって、カラスのナワバリ分布という地図が見えてくるのです。

◎採餌行動アレコレ

ハシボソガラス

Corvus corone

全長50センチメートル。ハシブトガラスよりは田園派。「ガー」というしゃがれ声で鳴く。クルミを落としたり車に轢かせたりするのはこちら。

平原のカラス

前節のハシブトガラスと並んで、日本で一般的なカラスがハシボソガラスです。日本で繁殖しているカラスはこの2種なので、普通「カラス」と言えば、ハシブトガラスかハシボソガラスをさします。

ハシボソガラスはハシブトガラスと比べてやや小さく、クチバシが細くてまっすぐで、クチバシから頭頂にかけてなだらかにつながっているのが特徴です。もっとも、鳥の外見は羽毛の立て方によってまったく違ってくるので、チラッと見ただけでは騙されることもあります。

また、鳴き声が「ガー、ゴアー」と濁った声なのも、ハシブトガラスと違う点です。ただ、これもややこしいのですが、カラスの声はなかなか多彩なので、ハシブトガラスも（ハシボソガラスの声とは少し違いますが）濁った声を出すことはあります。ですから、「ガーガー言っているから」というだけでハシボソガラスと即断することはできません。

ハシボソガラスはユーラシアに広く分布する鳥です。ウラル山脈からヨーロッパの一部にかけては羽衣《うい》の色彩の異なる亜種ズキンガラス（*Corvus corone cornix*）

ズキンガラス。頭や翼などは黒いが、その他は灰色

がいますが、最近、国際鳥学会議はこれを別種（*Corvus cornix*）と見なしています。ズキンガラスを別種と考えれば、ハシボソガラスはユーラシアの東と西に分かれて住んでいることになります。あるいは、もう遺伝的交流はないだろうから、西と東のハシボソガラスも分けてしまえ、ということになるかもしれません。その場合、アジアにいるハシボソガラスと、イギリスなどで見られるハシボソガラスとは、形態ではほぼ見分けられないが別種、ということになるでしょう。ただし、このあたりはまだ議論が尽くされていません。

さて、ハシボソガラスは（ズキンガラスも含め）基本的に、平原の鳥です。大阪府でカラスの営巣を調査した中村純夫によると、ハシボソガラスは農耕地や住宅地に接する林縁部には営巣するものの、林縁から数十メートル以上奥に営巣している例はなかったとしています。つまり、山林や、連続した大きな樹林の真ん中には、ハシボソガラスは住まないのです。一方、山の中に集落があり、そこだけ切り開いて農地を作ってあると、ハシボソガラスが住んでいることがあります。山の上を飛ぶことはあるが、森に用はない、でも畑があれば住めるよ？　ということなのでしょう。

地上が大好き？　ハシボソガラス

こんなハシボソガラスですが、彼らが地上で何をしているか、よく見てみるとしましょう。ハシボソガラスは大きくて観察しやすいですし、一度地上に下りるとテクテクとよく歩くので、双眼鏡や望遠鏡でじっくりと観察することができます。また、地上での行動が非常に多彩なので、見ていて飽きることがありません。

まず、地上に下りてきてから、飛び立つまでの時間を計ってみます。すると、ハシブトガラスと比較して、ハシボソガラスの地上滞在時間は非常に長いことがわかります。同じ場所で調査しても、ハシブトガラスが約90秒だったのに対し、ハシボソガラスは200秒ほどあり、ざっと3分強というところでした。すぐ飛ぶこともありますが、5分くらい地面を歩いていることもよくあり、長ければ20分も地面にいることがあります。

まあ、平均すると、1回の地上滞在時間はハシブトガラスの2倍ほどと考えておきましょう。では、「ハシボソガラスはハシブトガラスの2倍、地面にいる」と言っていいでしょうか？　まだダメです。地面に下りてくる頻度がわかりません。ひょっとしたら、めったに下りてこないけれど、下りてきたら長居をするのかもしれません。

これを確認するのは簡単ではありませんが、ある程度長い時間、1個体から目を離さずに観察していると、「下りた、飛んだ、止まった、また飛んだ、止まった、下りた、飛んだ」というように、特定の個体が地面に下りてくる頻度を計測することができます。ただ、カラスの行動の時間スケールからすると、おそらく1時間くらいは目を離さずに見ていないと、データがあまりに断片的になりすぎてわからな

いでしょう。途中で見失ったら、最初からやり直しです。気軽にやってみるには、ちょっと面倒な観察かもしれません。

もう少し簡単に「地面にいるか、樹上にいるか、どっちが多いのだろう」を知る方法としては、極めて単純に、出会ったカラスが樹上にいるか、地上にいるかを数えてみる、という方法があります。

ちょっと数学的なおハナシになりますが、少しお付き合いください（本当は私、数学が一番苦手なのですが）。1日の間に、ハシボソガラスが地上に下りている時間の割合がx％だとします。すると、樹上など高いところにいる割合は（100−x）％です。さて、ある瞬間、まったく偶然に、あなたがハシボソガラスにばったり出会ったとしましょう。そのカラスが地上にいる確率は？

答えはx％です。カラスのどの瞬間を見るかはまったくランダムだと仮定すると、その瞬間にカラスが地上にいるかどうかは、カラスが地上にいる頻度に依存します。つまり、x％の確率で地上にいるカラスに遭遇し、（100−x）％の確率で高所にいるカラスに遭遇する、というわけです。実際には観察に偏りがあるといけないので、「ランダムに出会うようにする」という条件を守るのが結構大変なのですが、考え方としてはそうなります。

　では逆に、「ハシボソガラスにばったり出会う」のを１００回繰り返したとき、65回は樹上にいて、35回は地上だったら？　この場合も、「出会ったカラスが樹上にいたか、地上にいたか」という比率が、カラスが地面にいる頻度そのものです。

　よって、例えば周囲にたくさんいるカラスを見渡しながら「地上に25羽、樹上に45羽」などと数えてみる、という方法があります。あるいは、ルートを歩いて「出会ったカラス70羽のうち、地上にいたのが25羽、樹上にいたのは45羽」などと数えてもいいでしょう。この1回の調査だけで言うならば、ハシボソガラスが地上にいる頻度は35・7％だった、と計算できるわけです。

　ちなみに「観察に偏りがあるといけない」というのは、カラスの行動が時間的・空間的に偏っているとまずい、ということです。例えばですが、ねぐらでばかり観察していたら、そりゃカラスは地上に下りてこないでしょう。逆に、地面にとてもよい餌が集中しているところで観察していれば、カラスが地上にいる頻度は高いほうに偏ってしまいます。ひょっとしたら、午前と午後ではカラスの行動が違うかもしれません。実際、カラスは「朝イチで餌を食べる→休憩する→水浴びする→休憩

する→（中略）→ねぐらで木に止まって寝る」といった行動パターンを踏むので、どの時間帯に観察したかによって、地上にいる頻度は異なります。

　ですから、なるべく「普通な」状態を観察するとか、さまざまな状態を万遍なく観察するとか、できるだけ多くの観察例を集めて平均化するとか、そういった方法を使います。こういう、「果たしてそれが一般的なことか」「どこでも同じように適用できるか」という視点は、科学では重要なことです。

　また、さらに言えば、多くのハシボソガラスを見たのか、特定の１羽を見たのかによっても解釈は違います。例えば、東京都足立区で１００羽のハシボソガラスを見た結果なら、「個体によるばらつきはあるにせよ、まあこの辺のハシボソガラスはこんなもんだ」という結果と言えるでしょう。ですが、データ数が同じであっても、特定の１羽を１００回見たなら、「他の個体は知らないが、この個体についてはこうです、バッチリ見ました」という解釈になります。

　さて、答えを言ってしまいますが、１９９０年代後半の京都市では、と但し書きをすると、ハシボソガラスは一般的に40%程度の時間を地上で過ごすと見てよいでしょう。ハシボソガラスが地上に下りている頻度は、観察時間の35～40%といったところでした。数字は季節によっても場所によっても、あるいはどのペアを観察したかによってもいくらか異なりますが、だいたいこの範囲でした。繁殖している個体でも、繁殖していない若い個体でもだいたい同じくらいです。これがハシブトガラスだと、10％弱と低くなります。つまり、大ざっぱに言えば、ハシボソガラスが地面で過ごす時間は、ハシブトガラスの4倍ほどにもなるのです。

ん？ 一回の滞在時間が2倍で、合計の滞在時間が4倍？ 合計滞在時間は、一回の滞在時間×地面に下りてくる回数です。ならば、もうこれで地面に下りてくる頻度は出てしまいました。その通り、ハシボソガラスは、ハシブトガラスと比べて2倍ほど頻繁に地面に下りてきます。これは、前に書いた「何時間もカラスを眺めている」という面倒な調査結果ともバッチリ、一致していました。

餌を求めてテクテクと

さて、では、彼らは地上でどんな行動をしているのでしょうか？

ハシボソガラスを見ていると、お尻を振りながら地面をテクテクと歩き回り、立ち止まったり、覗き込んだり、何かをつついたり、周囲を見たり、また歩いたり

……を繰り返しています。これを「観察しろ」と言われても、ちょっと困ってしまいます。大ざっぱに言えば、この一連の行動が「地上での採餌行動」なのです。

ですが、よーく見ていると、彼らの「採餌」はさまざまな方法、スキルから成り立っていることがわかります。

例えば、地面に小さな昆虫がいるのを見つけると、ハシボソガラスは素早くこれをつまみ上げて飲み込んでしまいます。セミが死んでいると、足で踏んで、クチバシでばらばらに分解しながら食べ、翅だけ残していきます。草むらがあれば覗き込み、ときにはクチバシを差し入れて草をかきわけながら覗き込んで、蛾の幼虫でもいれば捕食します。落ち葉をクチバシで引っ掛けて（あるいは、口にくわえて）はね除け、ドングリやミミズを探していることもあります。ヒョイと木の幹を見上げ、低いところに止まっているセミに向かってピョンと飛びつくこともあります。

これを全部、「採餌」としてまとめてしまうべきでしょうか？　あるいは、一つずつ別の行動とすべきでしょうか？

身も蓋もないことを言えば、そんなのは目的次第でどっちでもいいのです。まあ、細かく分けて記録しておいたほうが、使い道は広がります。後でまとめて「採餌行動」としたければすべてをまとめてしまえばいいのだし、分けて解析したければ、細かい分類を使えばいいからです。最初からまとめてしまっていると、後で「昆虫を食べたときとドングリを食べたときを比較したいな」と思っても、分けることができません。

教科書的に言えば「実験や観察のデザインを決めるときに、どの項目を記録するか、サンプル数がどれくらい必要かをちゃんと決めておきましょう」となるのですが、実際の野外研究でそんな最初からバッチリとデザインを決められるわけがないのです。デザインを決めるためにまず概要を知りたい、という場合だってあります。

また、すべてを細かく記録しておけばいいかというと、これにも問題はあります。記録が細かくなればなるほど、観察と記録の負担が大きくなるからです。

ハシブトガラスとハシボソガラスの地上での採餌行動の詳細を調査するため、カラスが地面に下りた瞬間から飛ぶまでのすべての行動を記述したことがあります。もちろん「すべて」と言っても、こちらが記述すべきだと判断した範囲内での「すべて」なのですが、その行動は「着地・飛び立つ・歩く・飛び跳ねる・飛び上がる・つまみあげる・地面をかきわける・ひっくり返す・穴を掘る・飲み込む・下を

見る・周囲を見る・自分の羽づくろいをする・他個体の羽づくろいをする・鳴く」の15項目で、行動の回数も同時に記録する、というものでした。これを、カラスの行動を観察しながらリアルタイムでノートに書きつけていくというのは、相当に神経をすり減らす作業です。下手をすると書くのが追いつかないため、脳内に記録を取りつつ、手は別のことを書いていて、その間も目はカラスを見ていて、足はカラスを追って歩いている、という無茶なことをしなくてはいけません。

後で解析してわかりましたが、採餌行動の違いの解析に限って言うなら、「歩く」と「飛び跳ねる」を区別する必要は特にありませんでしたし、「下を見る」「周囲を見る」も記録する必要がありませんでした。ですが、これは解析してみて初めてわかることですから、言っても仕方ありません。発見に必要な苦労だったと思えば、いい思い出というものです。

今ならば、こんな無茶な記録をしなくても、ビデオカメラで撮影してしまえば簡単です。現代のデジタルムービーは驚異的に進歩していますから、小型軽量で画像は極めて鮮明、ズームが効いて手ぶれ補正もあって、バッテリーは長持ちするし録画容量だって大きく、しかも一昔前より格段に安くなっています。重い機材を持っていったのに、ブレブレでボケボケの画像をわずか1時間撮影するとバッテリーが切れ、しかも解析のために何度も見ているとテープが劣化してさらに画質が悪くなるという悪夢に悩まされたビデオテープ時代とは雲泥の差と言っていいでしょう。

とはいえ、ビデオにも欠点はあります。最も大きいのは、「とりあえず撮っておけばいいや」で撮り貯めた動画の山を、後で全部見なければいけない、という点です。やったことがあるから言えますが、これ、結構な苦痛です。見ては書き記し、止めては戻して確認し、とやっていると、1つの動画をチェックするのに、撮影時間の3倍くらいかかるのが普通です。そして、画面を注視して「観察」しているので、神経と目を酷使することに変わりはありません。

もちろん、観察を客観的なものにできる、後で疑問に思ったことを映像で確認できる、などの大きな利点がありますから、私が今、同じ研究をするなら迷わずビデオを使うでしょうが、すべてに一長一短がある、ということです。

さて、こうやって調査してみたところ、ハシボソガラスに特徴的な採餌行動が見えてきました。彼らは頻繁に落ち葉や草むらをガサゴソとかき回しています。昆虫などが潜んでいる場合が多いので非常に有効な探し方なのですが、どういうわけか

ハシブトガラスはこれをやりませんでした。彼らはただ、下りてきて、数歩歩いて、餌をくわえて、飛ぶだけなのです。

また、河川敷ではハシボソガラスは頻繁に石をめくって水生昆虫を探します。水に浸かった石の裏についている、カゲロウやトビケラの幼虫です。石の下に潜んでいたドジョウなどの小魚も狙うことがあります。ですが、これも、ハシブトガラスはやらないのです。

ハシブトガラスがやるのは、基本的に、「餌があるのが見えた→よし、あれを食べよう！」という直接的な採餌です。ハシボソガラスのような、「あの下は怪しい、餌があるかもしれない。探してみてもいいんじゃないだろうか。もしなければそのまま歩いて、あっちの草むらを探して……」といった面倒なことはやりません。

この、迂遠で洞察力や忍耐力を要求されるような行動は、ハシボソガラスの特徴です。おそらく、彼らが生活するユーラシアの平原の草地や河川敷においては、丸見えでその辺に餌がある、なんてことはめったにないのでしょう。森林でなければ果実もそうたくさんはないでしょうし、枝に止まったまま、樹上で昆虫を探すというわけにもいきません。嫌でも地面に下りなくてはいけないし、何もないように見える地面から「ここにはいるかな？」と見当をつけて効率よく餌を探さなくてはいけないのでしょうし、もしアテが外れても、メゲずに餌を探し続けないといけないのでしょう。

また、餌のハンドリング（処理や扱い）に時間をかけるのも、ハシボソガラスの特徴です。彼らはクルミや二枚貝を落として割るなど、ずいぶんと食べるまでに手間をかけます。洞察力や観察力のせいとも言えますが、もう一つは見つけた餌を何でも食べなくてはならない、といった理由もあるでしょう。

日本で同所的に暮らすハシブトガラスはハシボソガラスより少し大きくて優位なため、探さなくてもすぐ見つかって、見つければすぐ食えるような「いい餌」を選んで我が物顔で独占できてしまうでしょう。ハシボソガラスは、おそらく、そんな贅沢を言っていられません。まあ、ハシボソガラスが「ここ、餌あるでしょ？」「……やっぱり、ここにあるでしょ？」と執拗に探している姿を見ると、「こいつらはどんな条件であっても、こうやってチマチマと餌を探して回るんだろうな」とも思いはしますが。

目指せ！　採餌職人！

ハシボソガラスといえども、こういった餌探索を最初からちゃんとできるわけではありません。巣立ちビナを観察していると、次第にスキルアップしてゆくのがよくわかります。

例えば、巣立って間もないヒナたちは、何かが動くと反射的に追いかけます。せっかく落ち葉をめくっていても、チョウが飛ぶとすぐに注意をそらされるのです。これはハシボソガラスとしては失格です。そういう、捕れそうにないものは無視して、足下に集中しなくてはいけません。

かなり難易度が高そうなのは、河川敷でのターニングです。ハシボソガラスは直径10センチ以上もある、かなり大きな石でもひっくり返すことができますが、決して無駄な力は使いません。その手順は以下のようなものです。

まず、クチバシを石の下に差し込みます。そして、その先端を支点として、クチバシをてこにして石を持ち上げます。作用点が支点と力点の中間にあるので力の節約にはなりませんが、支点を地面に固定しているので、余計な力がいりませんし、安定もします。このとき、石の重さやバランスを計るようにちょっと持ち上げては、小刻みに足を動かしてスタンスを決めているのがわかります。続く作業のために、石との距離や位置関係を正しているのでしょう。

足場が決まると、グイと石を持ち上げます。石の片側が浮き上がると、そのままクチバシの先で石を支えたまま、頭を動かします。それにつれて石は大きく傾き、90度付近で一瞬、安定します。ここで、「トン」と軽く向こうへ押しやると、石の傾斜が90度を超え、反対側にひっくり返ります。

これで安全に石を裏返しにできました。

この技を習得するのが、なかなか大変なのです。巣立ちビナは、最初は何をしていいのかまったくわかっていません。親が石をめくるので、そのうち自分も石を弄《いじ》り始めますが、「裏返す」がわかりません。適当につつき回しているだけです。

どの時点で「裏返せばいい」という理解が生じるのかはわからないのですが、とにかく、あるときから石を裏返そうとする行動が見られるようになります。印象としては、巣立ちから1ヶ月あまり経っているでしょうか。きちんと記録していなかったのが残念ですが、6月から7月の暑い時期になると、ハシボソガラスの子供たちが石を相手に悪戦苦闘していたのを覚えています。

子供たちは石の重さや滑りやすさがよくわかっていません。落ち葉などのハンドリングと同様に、石をくわえて持ち上げようとします。ですが、これはうまくいきっこありません。滑って落とすか、ひどいときは石の重さに負けて自分のほうが引きずり倒されてしまいます。そのうち、「石を持ち上げるのではなく、地面に置いたままで操作する」というテクニックを覚えるのが夏の終わりから秋頃でしょうか。まだ親鳥ほど無駄のないクチバシさばきはできないのですが、一応は石をひっくり返せるようになります。

このような学習過程は、観察してみると面白いテーマでしょう。ヒナの行動と親鳥の行動を記録して比較していけば、どの時点でどの行動が達成されたか、ヒナがどのように試行錯誤したかがわかると思います。

カラスに限らず、動物の学習の大半は試行錯誤学習です。誰かに教わるのではなく、自分で試して、うまくいく方法を見つけ出します。先に書いたような巣立ちビナの場合、「石をどうにかするとよいことがある」など、「何に注意すればいいか」は学べますが、具体的な行動の模倣（コピー）はできていないことが多いのです。

ただ、ワタリガラスは他個体の行動を見てやり方を学習することが知られています。例えば、仲間が紐をほどいて餌箱を開けるのを見ていた個体は、何も見ていなかった個体よりも早く、紐のほどき方を身につけます。また、単純なコピーではなく、紐の引き方や順番に関して、自分なりのやり方を取り入れることもできます。これは「紐を引く」という行為の意味を理解した、ということです。儀式のように、ただ形だけを真似ているわけではありません。儀式なら形式を変えてはいけませんが、「紐を引く」のがポイントなら、引き方は何だっていいのです。

もっとも、このような社会的学習はカラスの専売特許ではなく、タコもできます。ですが、いずれも実験条件下で、野外で詳細に観察された例はあまり多くありません。たしかに野外では条件が統制できないため、学習について精密に研究するには向いていませんが、エピソード的な観察であっても、野外での実際の行動をじっくり見てみるのは面白いことだと思います。

「賢い」とは？

こういった、地道で器用なハシボソガラスの行動の集大成とも言えるのが、自動車を利用したクルミ割りです。

初めて報告されたのは仙台市の東北大学構内でした。これを調査した仁平・樋口らによると、最初は近くの自動車教習所でカラスが落としたが割れなかったクルミを車が踏む、あるいは教習所の教官がわざとハンドルを切って踏んでやるなどの例があり、それで覚えたのではないかとのことです。

この行動は仙台だけでなく、北海道、岩手、秋田、長野などでも報告があります。また、常に見られるわけではなく、急に見られるようになった所、見られなくなった所もあります。この行動を研究した足立啓泰の研究によると、習得が非常に難しい技術らしく、親の行動を見ていても、ヒナのすべてが覚えられるわけではないようだ、とのことです。「後継者」が常にいるとは限らないのでしょう。

また、自動車を利用するのが必ずしもよい方法かどうか、ここにも疑問は残ります。道路に落として割るなら、自分の努力次第でクルミは割れるわけです。しかし、自動車を利用しようとすると、車が通ってくれないことには割りようがありません。上から落とすために何度も飛び上がることを考えれば、投入したエネルギーは小さいかもしれませんが、餌が口に入るのがいつか、予測できないということになります。つまり、単位時間あたりのエネルギー収支という、採餌において非常に大事な

部分が、自分では制御できないのです。

また、飛び上がらないというだけで、投入しているエネルギーは意外と大きいかもしれません。ハシボソガラスは車が通る直前までクルミをついて細かく位置決めをしていることがあります。車が接近するとサッと逃げますが、空振りなら置き直しに行きます。もし飛ばなかったとしても、その都度、道路を歩くエネルギーはいるのです。さらに、割れたクルミを拾って回るエネルギーも必要です。落としただけならクルミは2つに割れますが、車に踏まれるとバラバラになりがちです。おまけに、そうやって道路をウロウロすればするほど、自分が事故にあって死ぬ確率も高くなるのです。

こう考えると、極めて計画的で驚くべき行動ではあるけれども、効率やリスクといった現実的な視点から見た場合、自動車を利用するのが果たしてそれほど「賢い」のか、難しさに見合うほどのメリットはあるのか、という疑問がつきまといます。おそらく、それが、ハシボソガラスがいるからといってすべてが自動車を利用するとは限らない、大きな理由でしょう。自動車の利用を覚えたからといって、特に生存上の有利にはならないのではないか、ということです。

ただ、クルミを落として割る行動は、クルミさえあればどこでも見られるので、その中で自動車がたまたま何度も踏んでくれる場所があれば、そこで新たに自動車利用を覚える個体も出てくるでしょう。これが、さまざまな地域で散発的にこの行動が見られる理由だと考えています。

なお、関西ではあまりクルミを見ないせいだと思いますが、この行動の分布は日本の東に偏っています。関西ではクルミを落として割るのすら、ほとんど見たことがありません。やらないとは言いませんが、あまり一般的な行動ではないのでしょう。

ところで、クルミ割りに関して一番ハードルが高いのは、実は「一度手にした餌から手を放す」ことではないかという気がします。食べるためには、落とすにせよ、道路に置いておくにせよ、一度手放さなくてはいけないのです。餌を手放すなんて、普通なら絶対にやってはいけない行為でしょう。カラスは貯食をしますから、「餌を置いていく」という行動はあるわけですが、あれは誰も見ていないところで、しかも入念に隠したうえでのことです。

最初は、くわえていたクルミを落としてしまったことだったのかもしれません。

道具を使って餌を探すカレドニアガラス

そこから「落とす→割れる」という因果関係を学習し、「落としてもすぐ拾いに行けば盗まれない」というハードルを越え、「芝生に落としても割れない」という学習をし、やっと使い物になるレベルでクルミが割れるのです。これを多くの個体があっさりと身につけているというのは、やはり、驚くべきことなのかもしれません。

ただ、ハシボソガラスの行動を見て「賢い」と思うのは同意しますし、私も「こいつお利口さんだなー」と思いますが、これをもって「カラスは全部賢い」と考えるのは早計です。

種による行動の違いがありますし、同種でも個体差や経験の差が大きく作用しています。

種が違うと、得意分野も違ってきます。カレドニアガラスは野生状態でも道具を自分で作って使いますが、ハシボソガラスは飼育下で「道具を使ってモノを引き寄せた例もある」程度です。道具の製作やハンドリングに関しては決して上手ではありません。この点については、むしろミヤマガラスのほうがうまいくらいです。ハシブトガラスは他個体や他の生物を観察するのは非常に上手ですが、道具をハンドリングするのは極めて下手クソで、飼育下であっても「頑張ればできないこともないが、非常に面倒くさそう」だそうです。この点を研究した伊澤栄一らは、道具を操作するクチバシの形状など、形態学的な差異も関係するのではないか、と考察しています。

◎環境と個体数の変化

スズメ

Passer montanus

全長15センチメートルほど。餌も営巣場所も人間の近くで、日本の田園風景に欠かせなかった鳥。

ツバメ

Hirundo rustica

全長17センチメートル。ただし長い尾を除けばスリムで小さい。東南アジアから渡ってくる夏鳥。

田んぼとスズメ

スズメは古来、日本人にとってごくごく身近な鳥でした。「舌切り雀」をはじめとして、昔話にこれほどよく出てくる鳥はありません。

ですが、昔話をよく読むと、米を潰して作った糊《のり》を食べてしまったり、穀物を食べる代表になっていたりと、「何かを荒らす」鳥としても扱われていることに気づきます。スズメは田畑の鳥であり、身近であるとともに、穀物を食害する重大な害鳥でもあったからです。

例えば、田んぼに欠かせないものだったカカシ。これはスズメをはじめとして、稲を食べる鳥を追い払うためのものでした。小正月に行なわれた「鳥追い」という行事もあります。やり方はいろいろあるようですが、どれも豊作祈願のためで、要するに「米を食い荒らすスズメはあっちへ行け」ということです（時代劇に出てくる、笠を被って三味線を携えた「鳥追い女」は、正月に家を回って鳥追い唄を歌う芸人です）。もともとは実際に田んぼで待機して鳥を追い払う、野良仕事の一つとしての鳥追いもあった、と聞いたことがあります。

稲刈りの後で行なわれるスズメ猟も、冬の間のタンパク源の確保、あるいは一種のお祭り的な行事でもありましたが、一つには実際に害鳥駆除でもあったでしょう（効果のほどは疑問ですが）。

一方、スズメは害虫を食べる益鳥と言われることもあります。このあたりは「益鳥／害鳥」という二分法で考えるのがそもそも間違いです。春から夏にかけて、特に子育て中のスズメは昆虫を食べますから、当然その中には「害虫」も混じっています。一方、夏から秋には種子を食べることも多く、当然その中には農作物も含まれる、ということです。益と害のどちらが大きいかを必死に考えて一方に分類する必要はありません。

ちなみに、現代の大粒の米はスズメにはちょっと大きすぎるきらいがあり、アワやヒエのような、粒の小さな雑穀のほうが食べやすいようだ、という説があります。実際、秋も深まった頃には、水田よりも休耕田に多く来ているのを観察したこともあります。一方、秋にもかなり米を食べているという調査もありますし、夏のまだ膨らみ切っていない、柔らかな米は間違いなくスズメの好物です。この時期はまだ胚乳が本当に乳液状なので、噛み潰して吸うことができるからです。してみると、「スズメはたしかに農作物に被害を与えるが、田んぼにスズメがいるからといって、

プレートの裏にあるスズメの巣

常に食害しているわけではない」といったところでしょうか。

人間の近くで暮らしたいスズメ

一方、スズメは常に人間の近くで暮らしたいらしい、という研究例もあります。

古いところでは、内田清之助が大正時代に記した本に、「北海道の開拓に伴ってスズメが増えたという」などの記述があります。これは畑を作ったことでスズメの餌場が増えたと解釈することもできますが、素直に、「スズメは人間の近くで暮らすことを好む」と解釈することもでき

猛禽の巣に巣を作っちゃうスズメ

るのです。実際、廃村になって住民がいなくなると、スズメが姿を消したという観察も、同書には記載されています。これも農耕地が放棄された結果、スズメの好む環境がなくなったのだと考えることもできますが、そんなにわずかな間に農耕地が森林になったりはしません。スズメが休耕田などの草地を利用することを考えても、しばらくは無人の村落に住み続けてもいいように思います。してみると、スズメはどうやら、人間が近くで活動しているのが好きなのではないか、とも考えられるのです。

これを裏づけるような研究があり

ツミ

ます。植田・高木による、林内でのスズメの営巣の記録です。スズメは民家の隙間に営巣することが多いのですが、この論文では、猛禽の巣に営巣した例が記録されています。猛禽の巣は大きくて分厚く、枝を積み上げたものですから、その隙間にスズメが営巣したわけです。

これだけなら「そういう構造が好きなんだね」でおしまいですが、奇妙なのは、古巣ではなくアクティブな巣、つまり、今まさに使っていて、頭上に猛禽がいるような巣に営巣した事例のほうが多かったことです。トビならまだ大丈夫かもしれませんが、ツミの巣にも営巣しているのは驚きです。ツミはハイタカ属の小型の猛禽で、スズメはばっちり、ツミの餌サイズですから、頭上に天敵がいる状況を好んで営巣しているようだ、ということなのです。

これは極めて奇妙に思えますが、植田らは、ツミの巣に近づく外敵はツミが撃退してくれるので、スズメはその恩恵に預かることができるのだろう、と考察しています。たしかに猛禽をガードマンにしておけば大抵の相手は手出しできませんが、それにしても大胆な。とはいえ、猛禽は巣の本当に近くではあまり狩りをしないという意見もあるので、我々が考えるよりは安全なのかもしれません。

スズメは減っているのか?

スズメは基本的に何かの隙間に営巣する鳥ですが、人家近くの場合、屋根瓦の隙間や壁穴、戸袋の中、換気口といった空間に営巣することがよくあります。昔の家は木造でスカスカでしたし、粗雑な物置小屋なんかもありましたから、スズメにとって営巣場所に困ることはなかったでしょう。スズメにとって人里とは、水田の周囲で餌が採れて、人家を利用すれば営巣できて、しかも人間が外敵に対する防御に

なる、そういう場所だったわけです。日本は長らく農業国であり、江戸時代には人口の過半数が農民であったことを考えれば、その頃の日本にはスズメの生息場所も多かったでしょう。

現在は都市化によって人間の居住地域が広がりました。ですが、どうやらスズメの数は減少しています。スズメの個体数に関しては三上修の一連の研究に詳しいのですが、ここで簡単に紹介しましょう。

鳥の個体数が増えているか、減っているかを判断するのは簡単なことではありません。「減っているんじゃないか」といった感覚はきっかけとして大事にすべきものですが、それが実際に減っているのか、減っていたとしても一地域や一時期だけなのか、広域的なものなのか、それを知るのは簡単ではありません。また、鳥の個体数を調べるのも決して簡単なことではありません。日本にいるスズメの数を全部数えるなどというのは非現実的です。

スズメの個体数を調べるために三上らが行なった方法は、日本をいくつかの環境に区分し、環境ごとの平均的なスズメ密度を調べるという方法でした。あとは環境ごとの面積を掛け算して、推定個体数を計算することができます。実際には個体よりも巣を数えるほうが簡単だったとのことで、巣の数に基づいて計算されています。

密度について面白いのは、農地と住宅地で平均値にあまり差がなく、やや住宅地に多いことです。１００メートル四方に農村で４・62巣、住宅地で４・91巣となっています。一方、商用地、すなわち高度に都市化した環境では２・39巣と、明らかにスズメが少なくなっています。また、スズメがいないと見なされる場所も調査されていますが、これはつまり、日本の面積の70％近くを占める森林です。三上らは調査によって、人間の居住しない森林にはスズメがいないことを確認しています。

この研究の結果、日本のスズメは７００万から１１００万巣で、もっともありそうな値として８９５万２３４７巣と推定されました。ざっと９００万巣ですが、スズメは一夫一妻なので、１８００万羽と推定できます。巣立ちビナがいる時期なら１ペアにつき１、２羽のヒナを連れているので、ざっと数千万羽といったところだろうと推定しています。当然、誤差はあるでしょうが、千万羽の単位……何百万羽や何億羽ではない、という推定は妥当なものだと考えられています。

これを多いと感じるか、少ないと感じるかは人によるでしょうが、私はずいぶん少ないのだな、と思いました。スズメはあれほど群れているように思うのに、日本

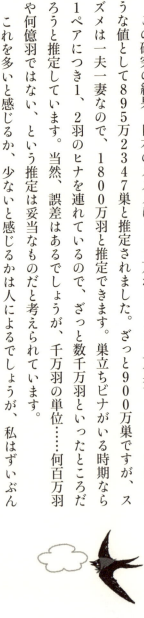

の人口よりも少ないのです。
では、増えているのか減っているのか。過去に戻って調査を行なうことはできないので、これについてはさまざまな方法で間接的に検証するしかありません。例えば探鳥会の記録などです。三上らは探鳥会の記録、農業被害統計、狩猟統計、鳥類標識調査から、スズメの個体数の変動の傾向を大づかみに把握しようとしました。
ですが、これらの記録は完全ではありません。探鳥会の記録は重要ですが、スズメのような普通種はきちんと計上されていない場合があります（ちなみにカラスも同じ理由で記録を探しにくい鳥です）。ですが、長期間にわたって、同じ場所で同じ要領の調査を行なっており、スズメもちゃんと記録している場所があったとのことです。
これらの記録を見ると、記録される個体数はこの20年で減少、農業被害も狩猟統計も激減しています。ですが、ここから即座に「スズメが減少した」と言えるわけではありません。個体数の記録がある場所は限られていますから、日本全国で減少したとは言えません。また、農業被害についてはスズメの餌が変わったとか、防鳥技術によって被害が減っただけかもしれません。狩猟についても、狩猟人口が減ったために獲物も減っただけかもしれません。三上らはこのように論拠が間接的であることを十分に考慮したうえで、それでもスズメは減っているだろうと結論しています。

スズメの生活から見えてくるもの

では、スズメはなぜ減っているのでしょう。

先に挙げた、環境ごとのスズメの密度を思い出してください。農村と住宅地でスズメの巣の平均密度はほぼ同じと書きましたが、これはあくまで平均の話です。最大密度を見ると、農村で100メートル四方あたり7・78巣に対し、住宅地は5・76巣で、明らかに農村のほうが多いのです。農村でもスズメが妙に少ない場所があり、こういうところが混じっているので平均値が下がっているわけです。おそらく、広大な農地のド真ん中で、民家も見えないような場所などでしょう。こういう場所は群れがやってくれば一時的にスズメが増えますが、コンスタントに住み着くわけではありません。

一方、住宅地でもスズメの多い少ないはあります。というのも、「住宅地」には

緑の多い郊外の住宅地もあれば、アパートやマンションの並ぶ都会的な住宅地もあるからです。

はっきりしているのは、商用地域にはスズメが少ない、ということです。では、何が違うのでしょうか？　昔は多かったが今は減ったもの、特に商用地で減っていそうなものを、スズメの生活から考えてみます。

例えば、家の構造はどうでしょう。農村にある古い家や物置小屋なら、スズメはいくらでも営巣できます。しかし、最近の住宅は気密性が高く、昔のように隙間だらけの構造ではありません。営巣場所が減っているということは考えられるでしょう。

もちろん、スズメは電柱の支柱などパイプを巧みに利用して営巣していますし、電柱は都市部のほうが多いはずですが、電柱のパイプだってすべて使えるわけではありません。道端の電柱を見てみるとわかりますが、パイプの先端は金具やキャップなどで「通せんぼ」されていることがよくあります。これはまさにスズメ避けです。スズメが営巣しても直接被害があるわけではないのですが、スズメを狙ってヘビが登ってくると電線をまたいでショートさせる恐れがあり、あまりありがたくないのです。スズメが営巣しているのは、こういった「通せんぼ」が壊れている場所や、機器の増設のためにパイプを切断したままになっている箇所です。トランスと支柱の隙間などにも営巣していますし、ちょっとした鉄骨の隙間なども利用しますが、営巣可能な場所は、必ずしも多いとは言えません。

次に餌。スズメは種子類と昆虫を主な餌としています。農耕地なら餌はたくさんあるでしょうが、住宅地、商業地に変化すると、緑地の減少とともに餌は減るはずです。

他に何が考えられるでしょう。捕食者としてよく挙げられるのがカラスですが、カラスを観察している限り、スズメに対してはあまり有効な捕食手段を持っていません。巣立ちビナが巣穴から顔を出した瞬間を狙って捕食したという観察例はあるようですが、逆に言えば、そうでもしないとスズメのヒナさえ捕食できない、ということです。実際、巣立ち直後のヒナにも逃げられているのを、見たことがあります。

それ以外の捕食者としてはイタチ、ヘビ、ネコ、猛禽類などがあり得ますが、これらはむしろ、郊外に行くほど多いでしょう。

三上修ら、およびNPO法人バードリサーチが調査したのが、スズメの年齢分

布と、繁殖成功度すなわちヒナの数です。彼らはまず、スズメの集団に含まれる若鳥の数を調査しました。若鳥が多いほど、子供がよく生まれていることになります。その結果、都市部では明らかに若鳥が少なく、田舎へゆくほど増えることがわかりました。都市部ではスズメ20羽のうち、若鳥は3、4羽にすぎませんが、農村では8から9羽にもなります。親鳥が連れているヒナの数もそうです。都市ではたいてい1羽にすぎないのに、農村では2、3羽が普通です。

さらに、これは参考事例として三上らの論文に挙げられているのですが、都市部でも公園など緑地の多い場所では、ヒナの数が農村と変わらないらしいこともわかっています。となると、どうやら大きなポイントは「緑地があるかどうか」です。

思い返せば、スズメをよく見かけたのは水田の周り、それから空き地でした。かつてあった、土がむき出しで草の生えた地面、あれが都市部では次第に見られなくなっているように感じます。草を失えば、主食である種子と昆虫を同時に失うことになり、スズメは大打撃を受けるのでしょう。

スズメが手に乗った先にある未来

三上はスズメに関する著書の一つのサブタイトルを「つかず・はなれず・二千年」としています。まさにその通り、スズメは人間が農耕を始めた頃から、つかず離れずの関係を保ち、最も身近な鳥として存在してきました。

ですが、最近、スズメとの関係が少し変わってきているように思います。「決して人に慣れない」と言われていたスズメが、人に餌をねだるようになってきたことです。

ヨーロッパに行くと、公園のベンチやカフェのテーブルのあたりにイエスズメがいて、パンくずをねだりに来る光景をよく見かけます。かつてはこれを指して「日本のスズメは絶対に近寄らない。だから日本の鳥類愛護はまだまだダメなのだ」などとも言われましたが、わずか数十年で日本のスズメも手に乗るようになりました。

ですが、これがよいことかどうかは、注意深く考える必要があります。

もちろんスズメと仲良くするのが悪いわけではありません。しかし、スズメが人に懐いている、餌をねだっているということは、彼らは餌不足ぎみかもしれないのです。また、スズメが人を恐れないということは、スズメにとって都会人はもはや

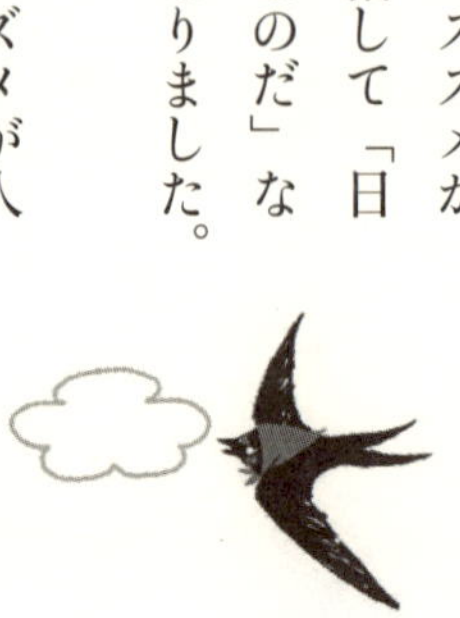

恐るべき相手ではなくなった、ということです。たしかに、農地のない都会では、スズメが農業害鳥になることはありません。都会人はスズメを敵視して追い払ったりもしないでしょう。少なくとも都市部の住民にとっては、スズメは（糞をする厄介者ではあるかもしれませんが）作物を荒らす敵ではなくなったのです。それはそれで、人とスズメの、より友好的な新時代と言えるかもしれません。

ですが、それは同時に、過去２０００年にわたってスズメを支えてきた農地が失われつつあるということでもあり、つかず離れず、放っておいてもその辺にいくらでもいたはずの、スズメの基盤が揺らいでいるということでもあるのです。これからもスズメは人間の近くに暮らすでしょうが、彼らの生存を支える営巣場所と餌は、果たして残っているでしょうか。

ツバメの巣

さて次は、スズメと双璧をなす身近な鳥、ツバメです。

ツバメが渡り鳥であることはよく知られていますが、夏の終わりには繁殖地から姿を消してしまいます。ツバメはその後も日本にいますが、大きなアシ原に集まり、集団でねぐらを作って過ごします。そして秋になると、フィリピンやマレーシアへと渡ってゆきます。もっとも、沖縄あたりで越冬する個体もしばしばいますし、本州で越冬する個体も見られます。また、ややこしいのですが、シベリアあたりから日本に越冬に来る個体も少数はいるとされています。

私の研究対象はカラスですが、カラスはツバメの敵に認定されています。しばしばツバメの巣を襲って、卵やヒナを食べてしまうからです。また、1980年代の調査で、ツバメの営巣失敗の最大の原因がカラスによる捕食とされたのも理由です。ただ、この調査について一言補足するなら、原因不明なものが70％もあり、理由がわかったものについても原因はさまざまで、その中で一番割合が高かったのが「カラスによる捕食」であった、ということです。まあ、原因不明の中にもだいぶ「じつはカラスがやりました」が含まれていそうですが。

このツバメという鳥、あらためて考えてみると、不思議なことが一つあります。

みなさんは、建築物以外の場所で、完全に自然な状態のツバメの巣を見たことがありますか？

アマツバメ。ツバメとつくが、ツバメの仲間ではない

おそらく、ないと思います。私も見たことがありません。これは日本だけではありません。世界中どこでも、ツバメは民家に巣を作る鳥なのです。人間が壁というものを作る前にはどうやっていたのでしょう？

文献を当たってみると、アメリカとロシアでいくつか記録がありました。どちらの場所でも、ツバメは洞窟や大きな洞穴の内側の壁面を使って営巣しています。垂直に近い壁面があり、上が覆われていて、トンネル状でも構わない……そう、彼らはもとから、そういう場所に営巣する鳥なのです。ツバメはアーケードの内側や人家の中のように頭上が閉ざされた空間にまで入り込みますが、もともとが洞窟営巣ならそれも平気でしょう。

洞窟は、ただでさえ訪れる動物が少ないし、壁面の高い位置となれば登ってこられる動物もあまりいません。安全な場所ではあります。似た営巣環境の鳥といえば、アマツバメの仲間やショクヨウアナツバメ（どちらも分類学的にはツバメではありません）が思いつきます。ショクヨウアナツバメの巣は「燕の巣」として食用にされていますが、これは食い意地の張った人間が、ハシゴをかけて命がけで取っているからです。普通に近づける場所ではありません。

ひたすら愛されて2000年？

かつて農村では、ツバメが軒先に入ってくるのは普通のことでした。昔の農家には広い土間がありましたし、大きな納屋があったりもしました。こういう所はツバメが好き勝手に出入りして営巣できる場所だったようです。斎藤茂吉の和歌に「のど赤き　玄鳥《つばくらめ》ふたつ梁《はり》にゐて」と読んだものがありますが、ツバメ（玄鳥）が梁に止まっているということは、どうやら屋内に入っています。

ツバメにとって農村は非常に都合のよい営巣環境だったはずです。目の前は水田で、たくさんの昆虫が発生しますから、餌は十分です。しかも巣の材料にも事欠きません。ツバメの巣は泥と唾液を混ぜ合わせ、藁《わら》などと一緒に固めた一種の土壁ですが、水田なら泥も藁もいくらでもあります。そして、巣を貼りつける屋根つきの壁面も、人間が作ってくれているわけです。おまけにその人間はツバメを「幸運の使者」として大事にし、むやみに追い出したりしません。スズメは人間と敵対する部分がありましたが、ツバメはひたすら愛されて２０００年なのです。

そう思っていたら、２０１５年にバードリサーチが行なった調査結果を見て愕然としました。都市部でのツバメの営巣失敗の原因の1位は、人間による巣の撤去だったからです（田舎ではカラスなどによる捕食）。

ツバメは農業害虫を食べる益鳥とされ、ツバメが家に巣を作ると幸運をもたらすとも言われていました。初夏になれば水田の上をツバメが飛び交うのが、日本のごく当たり前の風景だったはずです。ですが、最近の都会では「糞を落とす厄介者」の印象が強くなってきているのかもしれません。

ツバメの住宅問題

もう一つ、都会のツバメの営巣場所が変化してきていることが示唆されています。まだ大規模な調査はなかったと思いますが、いくつかの調査結果を見ると、従来多かった「住宅の壁面」が減り、アーケードの裏やコンビニへの営巣が増えています。たしかに、町を歩いていて、玄関脇にツバメの巣を見かけることが減りました。一方で駅舎やコンビニ、高速道路のサービスエリア、道の駅といったところでは、頻繁にツバメを見かけます。これはなぜでしょう。

アーケードの裏側への営巣については、カラスの捕食回避ではないかという意見があります。壁面なら丸見えですが、アーケードの内側に回り込まないと見えない位置なら、たしかに捕食率は下がるでしょう。ですが、もう一つ気になることがあります。単に内側というだけでなく、必ず、アーケードを支えるフレームの上に乗っていることです。

そう思って見直してみると、最近のツバメの巣の多くが、何かの上に「乗っている」ことに気づきました。コンビニのスポットライト、防犯灯、換気口、監視カメラ……以前からある「壁面に貼りつけた」タイプの巣が減っているのです。

照明器具に営巣するツバメ

これはまだ憶測にすぎませんが、垂直な壁面に貼りつけた巣の場合、泥と壁面の間の粘着力だけが頼りです。ちゃんと接着できなければ巣が落ちてしまいますし、それは完全な営巣失敗を意味します。一方、何かの上に乗っていれば、剥がれ落ちる危険はかなり減ります。

そして、近年の住宅のサイディング（外装）には、汚れを付着させにくいものがあります。こういった建材や塗装が発達したせいで、ツバメの巣も付着しにくくなっているということはないでしょうか？　あるいは、都市部で手に入る泥そのものが、田んぼのネットリとした泥とは違う、ということもあるかもしれません。実際、街なかでは意外に泥が手に入りません。タイル貼りの隙間や小さな水たまりから「それでは使えないだろう」と思うようなサラサラした泥を集めているツバメを見たこともありますし、中には工事現場からコンクリートを持っていくツバメもいました（頑丈だとは思いますが、体についたコンクリートが固まってしまわないか、心配になります）。

コンクリート打ちっ放しや、木材を使った建築なら、巣の食いつきがよいようです。またツバメ類はサギやカワウのようなコロニー性（多くの個体が集まって繁殖すること）というほどではないにせよ、集団で営巣する傾向があり、大きな建物に何ペアも営巣するのは、ツバメの習性にも合っているのでしょう。

ツバメのハードな繁殖生活

行動生態学（どのような形質や行動が繁殖に有利かを考える学問）的に言うと、ツバメはなかなか面白い鳥です。まず、しばしば巣の乗っ取りや子殺しが起こる鳥だということが挙げられます。春、巣に戻ってきたツバメのペアの周りにもう1羽、

2羽のツバメがいる場合がありますが、これは大概、巣を乗っ取ろうと企む他のペアです。また、営巣を始めても、メス目当てにつきまとってくるオスもしばしばいます。場合によっては卵を放り出して営巣を放棄させ、メス、あるいは巣を分捕るという荒っぽい行動に出ることもあります。ああ見えて、やることはなかなかハードなのです。

ツバメの行動生態については、もう一つ面白いことがわかっています。ツバメの尾羽についてです。

燕尾服《えんびふく》なんて言葉もあるくらいで、ツバメの長い、二叉の尾羽は非常に特徴的です。単に外側の尾羽が長いだけでなく、先端が細くトゲのように伸びた、変わった形の羽毛になっています。では、この尾はいったい何のために？

いかにもスマートで速そうに見えますが、高速で飛ぶこととはあまり関係ありません。鳥の中で高速を誇るものとしてはハヤブサやアマツバメがありますが、どちらも長い尾は持っていません。アマツバメなんて、逆にごく短い尾しかありません。では、チーターの尾のようなバランサー？　これもちょっとおかしい。いくら小鳥が軽いとはいえ、あんな糸のような構造がバランスをとるためにそこまで役立つようには思えません。よく考えてみると、尖った2本の突出部を除けば、別に変わった尾羽ではないのです。こういう不思議な長い羽といえば？　そう、メスに対するアピール、飾りです。

これについてはメラーという研究者の巧みな実験があります。メラーはツバメを捕獲し、尾羽の尖った部分を切り取りました。そして、切り取った先端部を、他のツバメに移植して貼りつけました。これで、尾の短いツバメと、尾がうんと長いツバメができたわけです。人が操作したこと自体が影響するといけないので、尾羽を切った後で、接着して元に戻した個体も用意しました。もし、この「手術」自体が影響するなら、3番目のツバメにも何か変化があるはずです。

こうして調べた結果、尾を長くしたツバメはペアを作るのが早く、繁殖に有利であることがわかりました。逆に、尾を短くされたツバメはなかなかペアができませんでした。そして、尾を切ってから戻した個体は、何も操作していない個体と同じでした。つまり、尾の長さはオスの魅力の指標になっており、尾の長いオスはモテたのです（ただし、研究によっては他の形質がキーになっており、必ずしも尾さえ長ければいい、というものではないようですが）。

一方、尾を付け足されてしまった個体は換羽が遅れたり、尾に身体的ストレスを示す白斑が出たりしたとのことなので、身の丈に合わない長い尻尾はそれ自体が負担になっているのもたしかです。これ以上むやみに長い尾羽を持つことはできないようです。

しかし、ツバメの尻尾はメスでも長いのです。オスの尾のほうがメスよりも長いのですが、メスでさえも、近縁なショウドウツバメやイワツバメよりはかなり長くなります。なぜでしょう。

一つの考え方は、「オスの尾羽だけを伸ばし、メスの尾羽はまったく伸ばさない」という突然変異ができなかったため、仕方なくメスも一緒に尾が長くなってしまっている、という可能性です。例えば尾を長くする遺伝子が性染色体に乗っていれば、オスとメスの形質をスッパリ分けることもできるのですが、こればかりは自分で設計して変異させたりはできません。前述したように尾が長いことは負担でもあるのですが、「尾羽の長さを使っていいオスを選ぶ」メリットがメスの負担を上回るなら、そういう進化も成立するでしょう。

もう一つの可能性は「じつはオスのほうもメスを選んでいるので、メスも長い尾羽でアピールしている」というものです。これはなかなか面白い考え方です。動物の多くは、繁殖投資の大きなメスが選ぶ側であり、「うんといいオスなら相手してあげてもいいから、私の前でいいところを見せて？」と言わんばかりの態度をとります。ですが、考えてみれば、オスにとってもメスの資質が重要なのであれば、オスのほうもまたメスを選ぶということも、理屈としてはアリなのです。

しかし、研究結果を見ると、ツバメのオスもメスを選んではいるのかもしれませんが、どうやら尾の長さは影響していない、という感じです。もちろんこれもいろいろ調べれば「やっぱり尾の長さを見ていることもあるよ」という結果になるかもしれませんが、今のところ、「オスの特徴に引きずられて、お付き合いでメスも尾が長くなるようだ」と思っておくのが妥当なようです。

ツバメはサイト・フィデリティ（営巣場所への回帰性）が高い、つまり毎年同じ場所に戻ってくる傾向があることが知られています。巣の土台が残っていれば上に巣を「増築」するのも楽ですし、去年うまく繁殖できた巣は、少なくとも悪い場所ではない可能性が高いでしょう。ただ、去年と同じ繁殖相手が生きて同じ場所にたどり着くという保証はありません。また、巣を乗っ取られたり、ペア形成を巡って争いがあったりするので、毎年「同じ2羽が」帰ってきているというわけではないようです。

それでも、毎年4月頃になってツバメが飛び始めると、「ああ、帰ってきた！」と思います。自分の家に来なくても、その個体がどこの誰でも、はるばる東南アジアから飛んでくる夏の使者が水田の上を舞っていてほしいと思うのは、ただのノスタルジーでしょうか。

第2章 鳥の振る舞いアレコレ

◎まったく知らない鳥を眺める

イエガラス

Corvus splendens

全長43センチメートル。南アジアから東南アジアが原産だが、とある理由で世界各地に分布している。

密航者イエガラス

イエガラス、漢字で書けば家鴉です。英名のハウス・クロウの訳語ですが、英語でハウスなんとか、といえば「民家近くに普通に見られる鳥」を指します。ヨーロッパに広く分布するイエスズメ（ハウス・スパロウ）が有名でしょう。

民家近くの鳥によく使われる英名には「バーンなんとか」もあり、バーンは納屋のこと。ツバメはバーン・スワロウ、メンフクロウはバーン・アウルです。ちょっと広い家や、郊外の農家なら庭先の納屋にいるよ、くらいの感じでしょうか。実際、ハンガリーの首都ブダペストのド真ん中で、大きなお宅の塀の向こうの納屋のあたりからメンフクロウの声が聞こえて、「ほんとにバーン・アウルなんだ！」と感心したことがあります。

日本で民家近くのカラスというとハシブトガラスかハシボソガラスですが、インドから東南アジアにおいては、むしろイエガラスこそが、人間に最も近いカラスです。

このカラス、真っ黒ではありません。顔から胸と背中は黒いのですが、首や腹は白、あるいは灰色です。カラスは黒いという常識を真っ向から覆してくれます。色合いは地域によって多少違い、スリランカ産亜種は他地域よりも黒っぽいことが知られています。

この鳥、分布がいささか変わっています。インド亜大陸からインドシナ半島にかけて分布しますが、タイあたりから分布が飛び飛びになり、マレーシアの一部にはいますが、べったり分布するわけではありません。シンガポールにはいます。インドから西へ向かうと、アラビア半島の一部やエジプト・スエズには見られますが、中近東に広く分布するというわけではありません。一方、信じられないことに、遠く離れたオランダ・アムステルダムでも繁殖しています。

この飛び地のような分布には、人間が関わっています。イエガラスはマラッカ海峡周辺やアラビア湾岸、スエズ運河など、海路の要衝に住み着く傾向があります。アムステルダムも多くの船が寄港する街です。どうやらイエガラスは密航の常習犯のようです。

というのも、たまたま船に乗ってしまった、海上で飛び疲れて船に下りてきたなどの鳥に、船員が餌を与えることはしばしばあって、こういった鳥が次の寄港地までヒッチハイクしてしまうからです。また、カラス類は飼えばよく馴れるので、ペットとして船に持ち込んでいる場合もあったかもしれません。日本でも一度だけイ

エガラスが発見されたことがありますが、これも大阪市此花区《このはなく》、つまり大阪港のある場所でした。多分、これも密航してきた個体でしょう。

ハシブトガラスより人間の近くにいるカラス

さて、日本では見られないイエガラスですが、南アジアから東南アジアではポピュラーな種類です。街なかにカラスがいるとしたらだいたいイエガラスで、人間の食べ残しなどを漁る、日本のハシブトガラスと同様のポジションにいます。つまり、世界的な視点で「カラスというもの」を考えるには、イエガラスを無視するわけにいかないのです。

さらに、イエガラスはハシブトガラスに極めて近縁な種です。おそらくインドあたりで直系の共通祖先から分かれた2種、いってみれば兄弟みたいな間柄でしょう。となると、ハシブトガラスを理解するうえでも、イエガラスを無視することはできません。

さらに、アジア地域ではイエガラスこそが「都市部のカラス」「人間の近くにいるカラス」であり、より大きく強力なはずのハシブトガラスは街なかから排除されています。日本でのハシブトガラスとハシボソガラスの住み分けとは逆なのです。同じ場所に分布するカラス2種の生活戦略と共存のメカニズム、という点でも、興味深い鳥です。あ、いや、普通の人にも興味深いかどうかは知りませんが、私が学位を取ったテーマが「同所的に分布するハシブトガラスとハシボソガラスの採餌行動の比較」だったせいか、興味をそそられるのです。

オレたちはイエガラスが見たいんだ!

そんなイエガラスを見てみようと思い、海外でちょっと観察してみたことがあります。とは言っても、研究を始めよう！　というわけではないので、観光半分の偵察、カラスを中心に鳥を見に行ってみようという程度でしたが。

本気で調査する気なら、きちんと文献を読み込んで対象種について知識を得て、どういったテーマで研究するのがよいかをまずイメージする必要があります。漠然と「イエガラスについて知りたい」では具体的なデータが取れません。市街地での密度なのか、繁殖生態なのか、採餌なのか、ハシブトガラスと共存する地域での生活の違いなのか。生活の違いなら、餌品目の違いなのか、生息環境の違いなのか、種間競争なのか、といったように、テーマを絞る必要があります。

そのうえで、ある程度じっくり観察するためには、観察場所を決める必要があります。海外のことですから、その間どこに宿泊して、どう行動するかも考えなくてはいけません。外国人が勝手に好きな場所に入り込んで双眼鏡を振り回していても大丈夫か、という問題もあります。地主に声をかけるだけでいいか、地域住民の了解を得ないといけないのか、あるいは地元の有力者に話をつければいいか、国レベルの許可がいるのか、そういう微妙な問題もあるわけです（場所によっては地元の警察署長や長老が実質的なボスで、仁義を切っておくと何でもスムーズに行く場合もあると聞きます）。

また、先進国の研究者が勝手に調査研究を行ない、途上国から研究成果を持ち去る、ということは許されなくなってきました。かつてはそれが一般的でしたが、現在は標本や研究成果の「収奪」と見なされています。よって、しかるべき公的機関に話を通して調査許可をもらい、カウンターパートとなる相手国の研究機関と共同で調査を実施し、連名で結果を公表することで、相手国側もその結果を利用できるようにする、研究することで相手側にもメリットがあるようにする、というのが筋です（もちろん、向こうが「君が勝手にやっていいよ」と言えば別ですが）。

そういうわけで、今回はそのようなやっかいな問い合わせや手続き抜きに、まずはバードウォッチャーとして行動できる範囲で、イエガラスを見てきたというわけです。

さて、東南アジアの鳥の図鑑やバードウォッチングガイドを読み、さらにカラス専門の図鑑なども使って下調べをしてみると、イエガラスがたいへん見やすいのはインド、スリランカ、バングラデシュあたりであるとわかりました。ですが、初めて訪れた旅行者が鳥を探せるか、いたとしても、ぼんやり鳥を見ていられる場所かどうか、ちょっと不安が残ります。素直にガイドを雇い、変人だと思われようがなんだろうが「オレたちはイエガラスが見たいんだ」と駄々をこねて、安全確実に見るほうがいいかもしれません。しかし、公園にでもいそうなものを観察するのにガイドを雇うのも、ちょっともったいない気がします。

調べると、タイのプーケット島で見かけたという話を聞きつけました。ここなら観光地でもあり、まずまず大丈夫そうです。しかしプーケットは完全に観光地化しており、人間に依存しきったイエガラスしか見られないかもしれません。できたら野生の姿が見たいし、欲を言えば、同じ場所でハシブトガラスも見たいのです。ですが、分布はしているはずなのに、タイでハシブトガラスを見たという話は全然聞いたことがありません。タイで研究していた人に聞いても、「カラスなんかいたかな」と言われてしまいました。

さらに調べていると、マレーシアが浮上してきました。ここにはイエガラスがたくさんいて、首都の公園にもよくいるというのです。どうかすると増えすぎて駆除されています。ふむ、「野生の」とはいかないかもしれませんが、見ることはできるでしょう。うまい具合に、マレーシアで霊長類を研究していた知り合いたちから、ハシブトガラスも見かけたことはある、という情報も、いくつか集まりました。

マレーシアに絞って調べてゆくと（海外のバーダーのブログなども役に立ちました）、タイとの国境に近い、ランカウイ島がよさそうではないかと思えてきました。ここにはイエガラスもハシブトガラスもいるというのです。観光地なので、島の人も旅行者に馴れていますし、宿泊や食事、現地での足もそんなに困りません。レンタカー、レンタバイク、レンタサイクルがありますし、なんならタクシーを借り切っても、日本で車を借りることを思えば、そこまで手痛い出費ではありません。またマレーシアは英連邦だったこともあり、英語の通じやすい国です。最低限の礼儀として挨拶くらいは現地語で覚えるとしても、日常的なやり取りが英語でできるのは非常に助かります。別に英語ペラペラなわけではありませんが、フランス語とか言われたらお手上げなので。

さらに、ランカウイは島全体がジオパークに指定されており、島内に山やマングローブ林があります。具合のよいことに山の一部は観光地に隣接しており、山頂に行くロープウェイまであります。グーグルマップのストリートビューで確かめると、ロープウェイの下には登山道もある様子。状況によっては、徒歩で森林に入ることもできるでしょう。

あと、これはオマケですが、この島は全体が免税です。おかげで缶ビールが1本、約100円。マレーシアはイスラム教徒が多いのであまり飲酒を勧めたくないのか、酒税がかなり高いのですが、ここだけは別です。

具体的な旅程を調べると、日本からクアラルンプールへ飛び、ここで国内線の飛行機に乗り換えてランカウイまで約2時間。格安航空会社を使えば比較的安く行けます。宿泊代はホテルのランクによってまったく違いますが、安いところに絞って

調べると、驚いたことに1泊1000円程度からありました。さすがにあまり格安なのはちょっと怖い気がしたので、エアコンつきの、1泊1700円ほどの宿にしておきました。予約サイトの口コミを見ると「静かで自然がいっぱい」「朝はサルが遊びにくる」とのこと。素晴らしい。

かくして、日本を夜出発してランカウイ到着は翌日の午前中、そのまま鳥を見に行って夕方チェックイン、それから2日間は目一杯鳥を見て、4日目の朝にランカウイを出立、夜に帰国する計画を立てました。帰りはクアラルンプールで数時間の待ち合わせがあるので、うまくすればちょっと外に出て、空港周辺を見て回ることもできるという計画です。あとは行ってみればわかるでしょう。

カラスの声と勘の導くままに

この行き当たりばったりな旅にはじつにいろんなハプニングがあったのですが(例えば出発直前になって「あの島で森に入ったらハブを掴みそうになるわ、キングコブラはいるわ」と聞かされたり)、それはさておいて、ランカウイ空港に到着した我々を迎えてくれたのは、空港ビルの中庭にいたイエガラスでした。

ランカウイの田園風景

初めて見たイエガラスはカラスとは思えないほど小さく、細身な鳥でした。色はグレーと黒の2トーン。なかなかハンサムな鳥ですが、落ちていたコンビニ袋をくわえてバタバタと飛んで逃げる姿はカラスそのものです。一緒に行った同じくカラス屋の森下英美子さんと「……カラスのやることって、世界のどこでも同じなんですかね？」と意見が一致しました。

その後は山でもホテル周辺でもカラスを見ることはまったくなく、いったいどこにいるのだ？　と思っていたのですが、2日目に半日だけツ

イエガラス、発見！

集団で生活するイエガラス

アーを頼んでいたネイチャーガイドさんに「イエガラスが見たいの？　だったら空港に行けばいっぱいいるわよ？」とあっさり言われてしまいました。あちゃー、どうやら都市化した環境に住んでいるようです。ツアーの後でさっそく行ってみたところ、空港でタクシーを下りた瞬間、目の前にイエガラスが止まっているのを発見しました。空港玄関の車寄せの屋根のフレームに止まり、下をうかがっています。車が途切れた瞬間にサッと舞い降りると、何かをくわえてまた戻りました。どうやら路上に落ちていた何かを狙っていたようです。

到着したときにもここを通ったはずですが、タクシーを捕まえるのに気をとられていたのでしょう。カラス屋が2人も雁首《がんくび》そろえておきながら、一生の不覚と言わざるを得ません。

ですが、ここからはカラス屋の本領発揮です。カラスの声と勘の導くまま、車寄せを抜けて空港ビルの横に出た我々が見つけたのは、イエガラス天国でした。

そこは小さな公園で、幅１００メートル弱、奥行き50メートルほどだったでしょうか。周囲に高さが5メートルから10メートルくらいの木が植えてあり、あとは芝生です。ここに、パッと見て10羽以上のイエガラスが集まっていました。どれも樹

103　イエガラスとハシブトガラス(左)

上に止まっています。やはりハシブトガラスの近縁なだけあって、基本は樹上性なのでしょう。

イエガラスはハシブトガラスよりずっと小さく、ハトよりは大きい、くらいのサイズです。見ていても威圧感はまったくありません。鳴き声も「カア」というよりは甲高い「アー!」といった感じで、迫力に欠けます。八重山諸島に分布する小柄なオサハシブトガラス(ハシブトガラスの亜種)の声に似ています。体サイズに合わせて発声器官も小さく、震動や共鳴の周波数が高くなっているのでしょう。

非常にスレンダーに見えますが、羽毛を膨らませると首のあたりがグッと力強くなり、ハシブトガラスに似たシルエットになります。おでこの羽毛を逆立てた横顔は、なるほど、近縁なだけあってハシブトガラスに似ています。ただ、クチバシはそれほど太くありません。

色合いは黒とダークグレー。頭から胸にかけてと、翼全体が黒く、首から腹は灰色です。写真でよく見るイエガラスほど明るい白黒模様でないのは、この島にいる個体がスリランカ産の亜種だからです。

計画してからわかったのですが、ランカウイのイエガラスは自然分布ではなく、スリランカからわざわざ移入されたものでした。理由はペストコントロールとありましたから、おそらく、農業害虫を駆除させる目的で持ち込んだのでしょう（ペストには害虫・害獣という意味があります）。クアラルンプールなどではそれが増えすぎて、ときどき、銃による駆除が行なわれています。街なかで散弾銃をぶっ放すというのもワイルドですが……。人間の都合で持ち込んだが思い通りに行動してくれず、結局は駆除する、という悲しい事例の一つです。もっとも、ランカウイ島の人は特に気にしている様子もなく、この程度の数なら問題にはなっていないようで

した。

　この公園にイエガラスが集まっていた理由はすぐわかりました。公園の後ろ、空港のフェンスのすぐ手前に大きな鉄製のゴミ入れ（ダンプスター）があり、ここからあふれたゴミを漁っていたのです。あまり手入れされていなさそうな公園とはいえ、芝生に妙に雑多なゴミが落ちていると思ったら、どうやらカラスが持ち出してきたものが散らばって、掃除されないまま放置されているようでした。

　ダンプスターを漁るイエガラスの行動はハシブトガラスそのものです。樹上から舞い降りてダンプスターに止まり、もし何か地上に見つければ、下りてきてくわえます。その周辺にゴミが散らばっていれば地上を歩きますが、ハシボソガラスのように「探し歩く」という感じではありません。オーストリアで見たズキンガラス（ハシボソガラスの近縁種）の行動がまるっきりハシボソガラスと同じだったのとは対照的です。

　しばらく見ていると、餌をくわえた1羽が飛んできて、20メートルほど離れた木の中に潜り込みました。すると、中から親よりも甲高い「アーアーアー！」という声が聞こえてきました。ちょっと濁音の混じった、甘えた感じの声です。最後に

「グガガ」という声が混じりました。これは日本でもよく聞く音声、ヒナが餌をねだって、開けた口の中に餌を突っ込まれながらグワグワ鳴いている声です。

その木に近づくと、1羽のイエガラスがのほほーんと枝に止まっているのが見えました。口元に赤っぽい皮膚が覗いています。間違いなく巣立ちビナでしょう。見ていると成鳥がすっ飛んできて、アーアーと鳴きながら周囲を飛び始めました。これを聞いた他の鳥もやってきます。ふむ、両親以外の成鳥もヒナを守ろうとしている？　集団繁殖しているのか？

あまり怒らせないよう少し離れて見ていると、枝をくわえて飛ぶカラスがいました。巣作り？　巣立ちビナと巣作りが同時進行？

「見たら巣があったりして」

そう言ってカラスが入って行った木を見上げると、まさに、そこに枝と針金を組み合わせた雑な巣がありました。

「ホントにあった！」

「こっちにもあるかも」

森下さんが言いながら隣の木を見上げ、ほんの数秒で「あったー」と笑い声をあ

げました。

「これ、並木を見ていったらすぐ見つかるんじゃないかな？」

公園を一周してみると、呆れたことに、30本の並木に、10個もの巣があったのです。これはどういうことだろう？

「こいつらこんな狭いとこで一斉に繁殖してるんですかね？」

「コロニー？　それとも血縁集団？」

「そういえばコロニー繁殖することもあるって書いてあったような」

たしかにそういう情報はありましたが、見てみるまで、うまくイメージできていませんでした。第一、カラス専門の図鑑を見ても、繁殖については断片的な情報しかなく、引用文献を見ても大した論文がないのです。「基本的には1ペアごとに分かれて巣を作るが、アラビアでは一本の木に何ペアも営巣した例がある」といった調子で、何のことやらわかりません。縄張りについても記述がなく、どうもあまり真面目に研究されていなかったようです。

さらに観察していると、イエガラスの巣立ちビナが他にも見つかりました。ヒナは成鳥がいると口を開けて餌をねだります。このとき、餌をくれる個体と、くれな

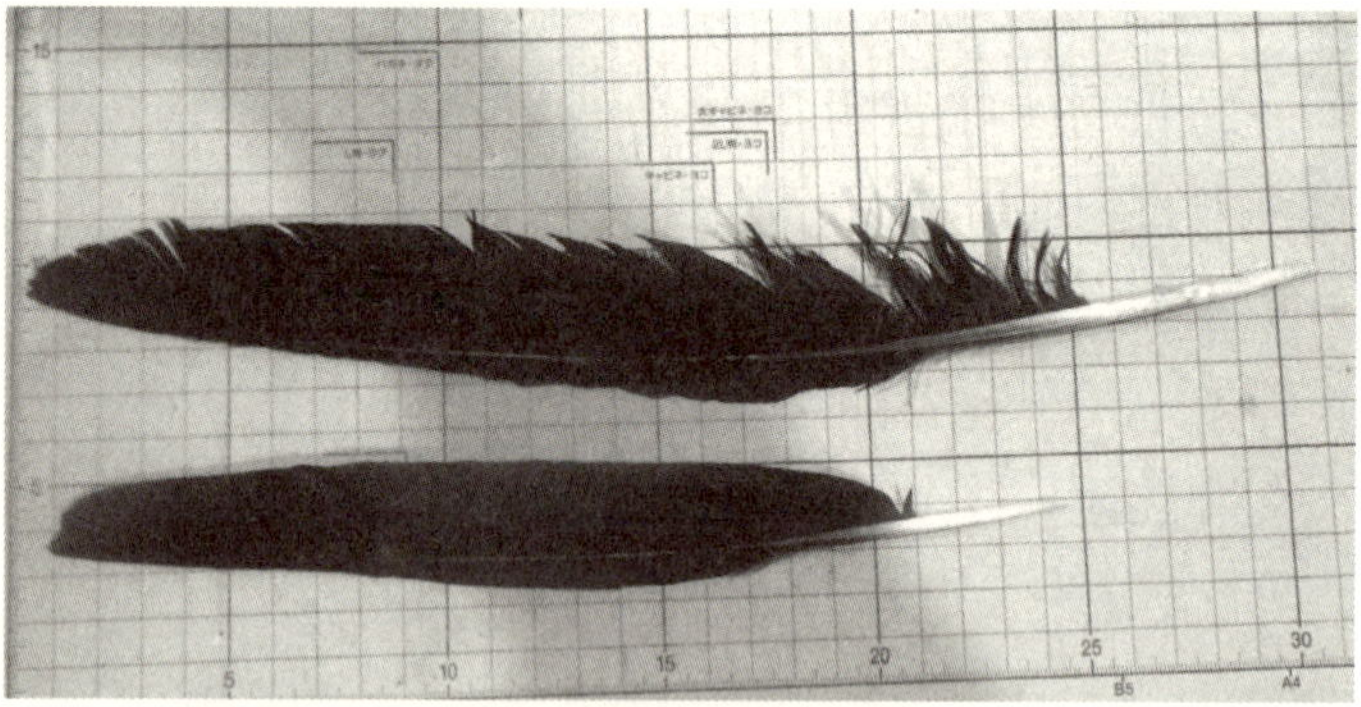

イエガラスの風切羽。上はハシボソガラスのもの

い個体がいます。親鳥はくれるが、血縁のない成鳥はさすがに給餌まではしてくれない？　でも見ていると羽づくろいはしてくれます。給餌した成鳥と、給餌しない他の成鳥の間には、別にいさかいは起こりません。つまり、少なくともこの公園では、ペアで守っているようなナワバリはなさそうなのです。

公園の中にイエガラスの風切羽が何枚か落ちていたので拾いました。ハシブトガラスによく似ていますが、大きさは70％から80％ほど。真っ黒で青みがかった反射のある、きれいな羽です。

これを手に持って歩き出した途端、カラスの行動が変わりました。周辺にいた15羽が集まってきて、口々にアーアーと鳴きながら私の上空を飛び交い始めます。どうやら、羽を手にしている相手は捕食者と見なし、集団で追い払おうとするようです。つまり彼らは緩いコロニーを作り、集団でコロニーを防衛する、そういう鳥なのでしょう。きっちりしたナワバリ制を持ったハシブトガラス、ハシボソガラスしか観察してこなかった私には、とても新鮮な体験でした。

イエガラスの暮らしから見えてくるもの

翌日、炎天下をオンボロ自転車でカラスを探してヒーコラ言いながら走り回った後、熱中症になりかけで街に戻ってきた我々は、一軒のカフェに逃げ込みました。魚屋兼食堂兼カフェ、というような不思議な店ですが、今はとにかく、日陰と水分がありがたい。目の前でジューサーを回して作ってくれた生絞りスイカジュースを飲みながら大通りを眺めていると、道路の上をイエガラスが飛んだのが見えました。

「今朝、ここを通ったときもいましたよね」

「住み着いてるんですかね?」

場所はパンタイ・チェナンという、ランカウイの中でも2番目くらいに賑やかな所です。高いビルこそありませんが、コンビニもあればショッピングモールもあり、料理店も軒を連ねています。餌には困らないでしょう。

　イエガラスは2羽か3羽。通りを渡ってこちら側に飛んでくると街路樹のあたりで姿を消し、また出てきて、黄色い屋根の建物の前を飛んで、裏通りのほうへ行きます。非常に定型化された行動です。

「これ、餌運んでません？」

「ですね」

　カフェを出て街路樹に行って見上げると、案の定、そこに2羽のヒナがいました。まだ目が青く、羽毛も伸び切っていないので、口元の赤い皮膚が透けて見えています。人が見ていても気にせず、お気楽に「アー」とか言っているのは、どのカラスのヒナも同じです。

　そこに親が戻ってきました。さすがに親は警戒して声を上げています。親子をじっくり見比べて気づきましたが、ヒナは淡色部も黒っぽく、イエガラス特有の2トーンの模様がはっきりしません。ふむ、面白い。ミヤマガラスやコクマルガラス（後述）と同様、集団性のカラスは成鳥と若鳥を見分けるような模様が発達するのでしょうか？　これは繁殖のため？　それとも守るべきヒナを確実に見分けるた

め？
1羽ずつしか飛んでこなかったのではっきりしませんが、ヒナのところに来ていた成鳥は2羽か3羽と判断しました。もし3羽なら、両親以外にも給餌している個体がいたことになります。集団のなかの成鳥は、たとえ自分の子供でなくても、ある程度は給餌などの世話を行なうのでしょうか？　それとも、世話をしているのは去年までに生まれた兄弟なのかも？　カケスの仲間にはステラーカケスやヤブカケスなど、血縁者がグループを作って繁殖するものがあります。イエガラスはどうなのでしょう。このように、彼らの繁殖はナワバリ性のカラスとは全然違うのだ、という実感がわきました。

また、行ってみて肌で感じたのは、イエガラスは本当に小さい、ということです。ですが、集団になることで防衛力を上げているなら、より大型の競争相手（例えばハシブトガラス）にも、ある程度は対抗できるでしょう。また、体が小さいということは、1羽あたりの資源量が少なくて済むという利点もあるかもしれません。これは街なかでチマチマと餌を拾うには便利そうです。

ただしこういった利点は、集団中の個体数とのトレードオフです。集団である利点を高めようとすればメンバーを増やさねばならず、そのメンバーが一緒に行動していると、結局、必要な資源の総量は膨れ上がってしまいます。もっとも、「1羽ずつは小さいのだから、より小さな餌でも満足できる」「適当に分散して探せばなんとかなる」「どうしても足りないときは集団サイズを小さくする」などの対策も思いつきますから、そのあたりは柔軟に対応して乗り切るのかもしれません。イエガラスの採餌をよく見ていれば、彼らの戦略が見えてきそうにも思えました。

日本と違うハシブトガラス

残念なことに、イエガラスと比較したかったハシブトガラスは3回しか見ることができませんでした。ウェブサイトからバードウォッチングの半日ツアーを予約したとき、「カラスを見たいのだが、それに特化したようなツアーを組んでもらえるだろうか」と質問を入れておきました。これに対する回答は「もし君たちしかいなければ君たちの希望でコースを組むが、他に参加者がいる場合は標準的なコースにする」というものでした。もっともな答えです。完全貸し切りツアーを頼むとかなり金がかかりそうだったので、そのまま参加しました。

行ってみると我々の他に2人の参加者がいたので、コースはごく標準的なものになりました。このとき、ガイドのウェンディという人が「最初は初心者のために鳥を見やすいところに行く。それから、あなたたちのお目当てがあるだろうから（ニヤリ）、山の森林に行こう」なんて言うので、てっきりハシブトガラスのことだと思っていたのですが、彼女の言う「お目当て」はオオサイチョウのことでした。図鑑を持って望遠鏡を担いでわざわざ日本から来る奴はオオサイチョウを見たいに決まっている、と思われていたようです。

その後で連れて行かれた水田にハシブトガラスはいたのですが……。

カラスを見て興奮している我々を見て、「そういえばカラスを見たいっていう問い合わせがあったって聞いたけど、あなたたちだったの？　早く言ってよ」と言われてしまいました。どうやら話が全然伝わっていなかったようです。そして説明してくれたのは、「この島にハシブトガラスはとても少ない。第一、昔はこの島にはいなかった」という驚愕の事実でした。「本土から来るフェリーを追いかけてくることがあったから、そのまま入っちゃったんじゃないかなあ」とのことで、見かけるとしたらまさに今いるあたり、ちょっとした林と農家と水田の広がった、この環境でしか見ないというのです。

え？　これ、どう考えてもハシボソガラスのいそうな場所。ハシブトガラスってこういう環境嫌いでしょ？　なんで街か山に行かないの？

不思議でなりませんでしたが、たった3回、それもチラっと見ただけでは、何もわかりはしませんでした。見かけたのは飛んでいる姿と、農家の裏の高い木に止まっている姿、そのときにこちらの鳴きまねに対して、さらにまねをするように鳴き返してきたこと。そして、道路ぎわの並木の根元で何かを拾って食べていた姿です。なんだかよくわかりませんが、とにかく、人間の近くで堂々と振る舞っているのはイエガラスのほうで、ハシブトガラスは人間とは少し距離を置いて、ひっそりと暮らしているように見えました。

ここのハシブトガラスは明らかに日本でよく見るものよりも体が小さく、クチバシも細く見えました。鳴き声も「カア」というよりは「アー」に近い、つまりオサハシブトガラス的な声でした。ときどき「ガガッ」と鳴くこともありましたが、マレー語でカラスはブルン・ガガッ（Burung gagak）です。ブルンは鳥のことなので、「ガガッと鳴く鳥」くらいの意味でしょうが、まさに名前の通りに鳴いているのでした。

マレーシアのハシブトガラスは亜種 *Corvus macrorhynchos macrorhynchos* で、つまりこれが *Corvus macrorhynchos* の命名の元となった基亜種です。進化的にはマレーシアがハシブトガラス発祥の地というわけではないようですが、人間の認識や命名という意味では、これが元祖。ハシブトガラスの「本場」では、彼らの姿も行動も、日本とは違うところがあるようなのです。これが長い時間と環境の違いに隔てられた、進化の結果というものだったのでしょう。

◎水辺のテクニシャン

サギ類

Ardeidae

中～大型の水辺の鳥。日本で見られるものだけでも10種以上ある。水中に立ち込んで魚を狙う……だけではない、多彩な行動も魅力。

サギの見分け方

サギの仲間は見つけやすく、見分けやすい鳥です。脚と首とクチバシが長くて、「サギの仲間である」ことは一目でわかります。ですが、そこから先は面倒な部分が。サギ同士で見比べると、非常に見分けにくい連中がいるからです。

ここではサギの行動の見所を紹介しますが、その前に、ちょっと識別の話をしておきましょう。

日本でよく見られるサギは大別すると「白いサギ」と「白くないサギ」になります。白いサギはいわゆる「シラサギ」ですが、これは白色のサギをまとめた一般用語で、鳥の種類を示すわけではありません。シラサギと呼べそうなサギは（珍しいものまで含めれば）6種にのぼりますが、普段その辺にいるのは、ダイサギ、チュウサギ、コサギ、アマサギのどれかでしょう。チュウサギは最近ずいぶん少ないですし、アマサギは水田や牧草地に多い鳥なので、都市の河川などではコサギとダイサギの2種、ということも多いでしょう。以上の4種に加え、比較的珍しい2種としてカラシラサギ、クロサギの白色型があります。

白くないサギのほうも、レアものまで含めれば10種以上になってしまうのですが、ごく普通に見るのは、アオサギとゴイサギの2種でしょうか。この2種でなければササゴイ、クロサギ、アカガシラサギ、ヨシゴイ、オオヨシゴイ、ミゾゴイ、ズグロミゾゴイ、サンカノゴイ、ムラサキサギといったところでしょう。このうちアカガシラサギは稀に日本を訪れる程度。ムラサキサギは南西諸島、特に八重山諸島の鳥です。ミゾゴイは湿った森林におり、サギの生息場所として普通に思い浮かべる開けた水辺にはいません。あまり目にすることのない鳥ですが、八重山諸島に行くと近縁種のズグロミゾゴイを見かけることがあります。ズグロミゾゴイは台湾にはよくいる鳥で、台北《たいぺい》市内の台湾大学構内や植物園にもいますし、台湾国立博物館の前庭ですら見たことがありました。

もう非常に大ざっぱに、「その辺で見るサギはどうせダイサギ、チュウサギ、コサギ、アマサギ、ゴイサギ、アオサギ」と決めてしまうと、かなり覚えやすくなります。よほど恵まれた環境でなければ、日常的にミゾゴイやサンカノゴイに出会うなんてことはないでしょう……。もっとも、私の大学の後輩には「黒くて大きな猛禽が飛んでたらワシで、タカはもう少し小さくて頭に冠羽があるやつだって、爺ちゃんが言ってた」などと言う者もいました。彼女の故郷で猛禽と言えばイヌワシとクマタカだったようです。

ところで、白いサギと白くないサギの両方にクロサギが出てきます。この鳥は色彩に2型があり、日本で見かけるのは和名の通り黒いタイプが多いのですが、真っ白なタイプもいます。南に行くほど白いタイプが多いことが知られており、温帯の岩礁地帯では黒いタイプのほうが、沖縄などサンゴ礁の発達した真っ白な砂浜では白いタイプのほうが、隠蔽効果が高いからではないかと考えられています。

さて、「シラサギ」はどれも真っ白でまぎらわしい鳥です。簡単に見分け方を書いておきましょう。

まず、一番わかりやすいのはコサギです。コサギは脚が黒く、足先だけが靴下を履いたように黄色くなっています。大中小の小だけあって、体のサイズはカラス程度。あまり大きな鳥ではありません。

次に、5月頃ならわかりやすいアマサギ。大きさはコサギほどですが、首とクチバシがやや短く、頭も丸く見えます。最も特徴的なのは彼らの婚姻色（繁殖期に現れる

「シラサギ」を比べてみました。左からダイサギ、チュウサギ、コサギ、アマサギ

体色や模様のこと）で、首の上半分から頭まで明るい茶色（亜麻色）に染まります。これがあれば、まず間違うことはありません（盛夏になると婚姻色がなくなり、コサギやチュウサギと見分けにくくなります）。

それから、コサギよりも大きなチュウサギ。ダイサギと見分けづらいのですが、クチバシが妙に短く見えるので識別できます。クチバシの色や目の前方の皮膚の色でも見分けられることにはなっているのですが、サギはこの辺の色の変化が激しく、時期によってはどっちつかずな色の場合もあるので注意が必要です。

ダイサギは一番大きく、アオサギを凌ぐほどの大きさになります。特に首が細長いのが特徴でしょう。グイと首を伸ばした姿勢になると、見慣れていても驚くほど首が伸びます。

識別について書きましたが、正直に言えば、1羽で立っていると大きさもよくわからないし、色合いが中途半端で種を特定できない場合もあります。そういうときは素直に「よくわからない」と思ってスルーしてください。識別も楽しみの一つですが、行動観察も楽しいものです。識別に必死になりすぎて行動を見ないのはもったいない。

シラサギの生息場所を比較してみる

ここでは、「シラサギ」4種を生息環境や行動で比較してみましょう。

サギというと「水辺で魚を食べている」印象がありますが、必ずしもそれだけではありません。草地で昆虫を食べることも、しばしばあります。丈の高い草の中に入って昆虫をつまみとるのも、水の中を歩いて魚をつまみとるのも、行動としては大差ないのでしょう。水辺にはしばしば草地が広がっていますし、雨期・乾期の明確な気候では、干上がった水辺が完全に草地になることもありますから、草地と湿地と水辺というのは時間的にも空間的にも、連続した環境だとも考えられます。両側にまたがった行動を持っていても不思議ではないでしょう。

なかでも草原性が強いのはアマサギです。英語ではキャトル・イーグレット、つまり「牧場サギ」と呼ばれており、牧場のような草地にいる鳥と見なされています。日本でも河川や湖沼ではなく、水田や牧草地で見られるのが普通です。水田は水域でもあるのですが、湿性草原とも見なせる場所です。本来は河川や湖沼の周辺の、草の茂った湿地などを利用していたのでしょう。ちなみにこのサギ、世界的に分布を広げている鳥です。もともとはユーラシアからアフリカの鳥だったのですが、今では世界中で見られます。

チュウサギも草原寄りのサギです。やはり河川よりは水田で見かけることが多く、餌は昆虫やカエルです。

これに対して、水辺寄りなのがコサギとダイサギ。コサギは水中を歩きながら餌を探していることが多く、ダイサギはじっと佇《たたず》んで餌を待っている姿をよく見かけます。餌は基本的に魚です。

ただし先にも書いたように、水田は水辺でもあり草地でもありますから、4種が全部、同じ水田に来ていることもあります。コサギやダイサギも、バッタなど昆虫を食べることがあります。特に田おこしのときなどに、トラクターの後ろをサギたちがついて歩き、掘り返されて飛び出してくる昆虫を狙っていることがあります。また、田面は要するに草の多い浅瀬ですから、魚やカエルを狙うこともできます。水田に隣接した水路で小魚を狙っていることもよくあります。

餌を得るための妙技

捕食行動の面でも、サギ類はなかなか興味深いものがあります。

例えばコサギです。コサギは水中に立ちこんで、歩きながら餌を探すのが得意です。じっと水面を覗き込みながら一歩ずつ足を進めるのですが、一歩踏み出した後、水中に差し入れた足を小刻みに震わせていることがあります。双眼鏡で注意して見ると水面に波紋が広がっているのがわかりますし、橋の上などから見下ろすと水中の足の様子もよくわかるので、一度観察してみてください。

これはコサギ独特の、足で獲物を追い出す行動です。コサギの餌となる小魚は、

水底の石の陰などに潜んでいるものもいます。ヨシノボリなどは物陰に隠れていることの多い魚ですし、ドジョウは砂に潜っていることもあるでしょう。また、普段は泳いでいる小魚も、障害物の陰に逃げ込んでいることがあります。

ところが、コサギが足を伸ばして、その障害物の間際で震わせて（あるいはトントントン、と踏んで）やると、魚は逃げようとして飛び出してきます。矢のように泳ぎ去ってしまったら捕まらないかもしれませんが、魚はしばしば、危険から逃れるためのダッシュの後で動きを止めたり、泳ぎが遅くなったりします。このときに、思わぬ方向からクチバシが襲ってくるわけです。

これはタモ網を使った捕獲とまったく同じ方法です。タモ網で魚を獲るとき、無闇に網を突っ込んで魚を掬い上げようとしても、なかなかうまくいきません。こういうときは、魚の潜んでいそうな場所の先にそっと網を差し入れ、足でガサガサと水底を踏んで、魚を網のほうに追い立てるのが得策です。魚が勝手に網に飛び込んできてくれます。これを「ガサ」などとも呼びますが、コサギはまさに、「ガサ」の達人というわけです。

コサギが餌を追い出す様子を見ていると、石の陰や草むら、水中に沈んだ板きれなど、魚の潜みそうな場所を漏れなく探っているのがよくわかります。魚を獲った経験のある人なら「あそこを狙えばいいんじゃないか」と思いそうなところを、全部試しているのです。また、目とクチバシは足の少し前をじっと狙っていて、飛び出してきた獲物を逃さず捕らえる準備をしています。

考えてみれば、コサギだけが妙に目立つ黄色い足先を持っているのも、この行動と関係しているかもしれません。黒と黄色という取り合わせは警告色に使われるくらい、目立ちやすい色合いです。黄色い足先で、より魚を脅しやすくしているということも、あるのかもしれません。

草原に来るサギも、ちょっと面白い行動を見せます。サギ類はこういった場所でバッタをよく食べていますが、バッタは草の間に潜んでおり、敵が近づくとそっと葉の裏に回って隠れたり、相手を引きつけてからいきなり飛んで姿を消したりしてしまいます。ですが、最初から「あの辺にいるな」と見当がついていれば、それなりに探せるもの。バッタは「身を隠しておいて、いきなり動く」から逃げられるのです。

サギがスイギュウやカバなど大型動物の後ろをついて歩いたり、背中に乗ったりしている姿をよく見かけます。こういう動物が草むらを押し分けて歩くと、バッタがピョンピョンと逃げ出します。これを発見して、着地したところを狙えば、たしかに効率がいいでしょう。

バッタを追い出してくれるのは動物だけではないので、農耕地でトラクターの後ろを群がってついて歩いている姿も、よく目にします。アマサギは世界的に分布を拡大している鳥ですが、こういった抜け目のなさも貢献しているのかもしれません。

一方、日本に来るチュウサギは減少しています。今ではかなり珍しい鳥になってしまいました。その理由は明らかではありませんが、一つには、日本における圃場《ほじょう》整備が、もう一つは渡り先である東南アジアの環境の変化が、影響しているのではないかと考えられています。

コサギは歩いて餌を探す、と紹介しましたが、他のサギはどうでしょうか。

一般に、ダイサギ、アオサギ、ゴイサギはあまり動き回りません。水辺にじっと立ったまま、獲物が近づいてくるのを待っています。特にアオサギはじっと水辺に

立ったまま動かず、獲物が近づくと首だけを伸ばしてそっと様子をうかがっています。魚が遠ざかってしまうと、また首を縮めて待機姿勢に戻ります。ダイサギはもう少し歩いて探すこともありますが、コサギに比べればあまり動きません。

ゴイサギも動かずに待っているタイプです。彼らはサギとしては首が短めなので、獲物を見つけると体を前傾させ、攻撃態勢に入ります。休んでいるときは体を立てています。ゴイサギのもう一つの特徴は、夜行性だということです。特に親鳥はその傾向が強いように思います。もっとも、大量に餌が必要な繁殖期には昼夜を問わず採餌しています。また、おそらくまだ採餌が下手で、地位も低い幼鳥も、昼間から採餌しています。ゴイサギの親は全体に灰色で、頭頂から背中が黒っぽいスマートな色合いですが、幼鳥は褐色の地色に白い斑点が散っており、ホシゴイと呼ばれることもあります。

ちなみにゴイサギは「五位鷺」と書きます。『平家物語』によると、醍醐天皇に正五位の位を賜ったとのことで、この故事にちなんでのことです。別名の「夜鴉《よがらす》」は、夜間、飛行しながらしゃがれ声で「ゴアッ」と鳴くことによります。夜空からおかしな声が聞こえたら、だいたいはゴイサギかアオサギでしょう。アオサギはもう少し甲高い「キュアッ」というような声を出します。

待ち伏せ型のサギの中で非常に変わった行動を見せるのが、ササゴイです。アメリカからアフリカまで広く分布する小型のサギですが、この鳥は思いもよらないテクニックを使うことが知られています。寄せ餌です。

アメリカのササゴイは、パンなどの餌を拾って水面に投げ、これを食べにきた魚を捕らえることが知られています。他の場所でもいくつか観察例があります。

日本では、熊本県の水前寺公園に来るササゴイが、木片や落ち葉を水面に投げて魚をおびき寄せることが知られています。これは餌ですらない、いわばルアー釣りということになります。餌付けされている魚は水面に何か落下すると、餌かと思って寄ってくる（あるいは餌付けされていなくても、昆虫食性の魚なら、落下した昆虫に寄ってくる）ので、おそらく、適当な大きさのものが水面に落ちた瞬間、反射的にその下に来る魚がいるのでしょう。そこを狙っているわけです。「ルアー」が流されて遠くに行きすぎると、ヒョイとくわえてまた水面に投げ直します。まるで釣り人そのものです。

この行動はごく限られた個体しかやらないようですが、いったいどのように学習

翼を広げ、餌を待つクロサギ

したのか、他個体に伝わることはあるのか、伝わるとしたらどのようにしているのか、たいへん興味深いところです。

また、アフリカのクロサギは水中に立ちこんで翼を広げて水面を丸く覆い、その中を覗き込むようにして餌を待つことが知られています。水面の乱反射を防いで水中を覗きやすくするとともに、魚が物陰に寄ってくる習性を利用しているのでしょう。日本では見られないようですが、サギの興味深い行動のバリエーションとして紹介しておきます。

サギの餌はさまざまです。コサギは小魚や小さなエビをよく食べますし、ゴイサギがザリガニを苦心惨憺《さんたん》飲み込んでいることもあります。魚は頭から飲まないとヒレや鱗が引っかかるので、魚を捕らえたサギは上手にくわえ直して頭から飲み込みます。しかし、ザリガニはどちらから飲んでも何かが引っかかるので、何度も地面に置いてはくわえ直して飲もうとし、また置いてはくわえ直し……と5分くらい困っているのを見たことがあります。最後はやはり頭からいきました。

アオサギはかなり大きな獲物でも飲み込むことがあります。待ち伏せ型のハンターとしては、せっかく寄ってきた獲物を「大きすぎるから」と見送るのは効率が悪いのでしょう。20センチほどあるヘラブナを丸飲みしているのも見たことがあります。普段のスマートな姿からは想像できませんが、アオサギの口は目の下まで裂けていて、喉も大きく膨らむので、大きな餌でもちゃんと入ります。ただ、やはり喉がつかえるのか、飲み込んだ後は何度か体をしゃくり上げていることがありますが……。

南西諸島で見られるムラサキサギもアオサギによく似ており、西表島《いりおもてじま》で道路に舞い降りてくるなり、法面《のりめん》にいた20センチ以上あるトカゲを丸飲みにしているのを見たことがあります。どうやら、日本最大のトカゲであるサキシマトカゲの幼体のようでした。

サギは魚を食べることが多いとはいえ、「魚だから」食べるわけではなく、食えそうなものは何でも利用します。場合によっては小鳥やネズミをパクッとくわえて食べてしまいますし、アオサギがウサギを丸飲みしている写真も、見たことがあります。冬の水田のあぜ道にアオサギが突っ立っていることがしばしばあり、いったい何をしているのかと思っていたのですが、哺乳類の研究者に「あれはネズミが穴から出てくるのを待っているんだ」と言われたことがありました。

同様に、ダイサギもかなり大きな口をしています。一方、昆虫食寄りのアマサギはそこまで大きな口ではありません。鳥がどのくらいの大きさの餌を飲み込めるかは、ゲイプ（口を開けた時の、口元の高さ）に依存します。長い口裂のある鳥は一般に「大口を開ける」タイプです。サギ類は種によって顔つきが多少違い、アオサギなどはよく見ると「口が耳まで裂けた」ような顔なのですが、その違いは餌の違いと関連しているわけです。

アオサギは水面の波紋などを常に見ているらしく、ときには自分からそっと近寄って行くこともあります。あるとき、川の浅瀬に奇妙な波が立っていたことがあり、これに気づいたアオサギがゆっくりと近づいていきました。1メートルほど離れてじっと波紋を凝視していましたが、やがて、向きを変えて立ち去ったので、私も立ち上がって、その正体を確かめてみました。

それは、浅瀬に引っかかってじたばたしている、50センチはあろうというコイでした。さすがにそれを食べるのは無理だったようです。

サギの首が気になる

さて、サギを見ていて、ちょっと気になっている行動があります。それは首の傾け方です。

特にダイサギで顕著なのですが、ダイサギは長い首を伸ばしたまま、ソロソロと歩いて餌を探していることがあります。このとき、首が右、あるいは左に傾いていることがあるのです。

もちろん、川岸に沿って水中を歩きながら草の根元を探すなら、沖側に首を傾けたほうが覗き込みやすいでしょう。しかし、必ずしもそういった位置関係が関わっていないように見える場合もあるのです。

漠然と考えているだけですが、仮説はいくつか思いつきます。

（1）横風の影響で首が押されている

（2）波が立っているときに、特定の角度からだと水中が見やすい

（3）太陽の位置によっては、首を傾けて反射を避けないと水中が見えない

風向・風速・太陽の位置を記録しながらサギを観察していれば、多分、確かめられると思います。（1）ならば風が強いほど、首は風下側に傾くでしょう。あるいは、流されないように、逆に風上側に倒すかもしれません。（2）ならば風向きに応じて傾け方を変えるはずですが、どのような波が立ったときにどの角度から見ればいいかを、別に検証しておく必要があります。また、場合によっては（1）との区別が難しいかもしれません。（3）ならば、風向きに関係なく、太陽との位置関係でのみ首の傾きが決まるはずです。

ただ、首の傾き角を正確に計測するためには真正面、あるいは真後ろから見なくてはならないので、データを取るのは案外難しそうですが。

カワウ

採餌行動から見えてくるサギの横顔

どこに行けば餌が得やすいかを、サギは常に注意しています。

カワウの集団が小魚を岸辺に追い詰めて捕食する「追い込み漁」などと呼ばれる行動があります。カワウが集まって泳ぐのを見つけたサギたちは、一斉にカワウの来そうな岸辺に先回りします。カワウに追われてきた小魚を狙うためです。カワウは岸に達した後、岸と平行に魚を追い立てる場合がありますが、こういうときは素早く群れの前へ前へと飛びながらチャンスを狙っています。前門のサギ、後門のカワウで、魚にとってはたまったものではありませんが、鳥たちにしてみればタイムサービスみたいなものでしょう。

人間と魚の関係も、サギは利用しています。あちこちの河川で見たことがありますが、釣り人がいると、その横にアオサギが立っていることがあります。これは、釣り人が小魚を投げてくれるのを知っているからです。最初は捨ててある小魚を狙ったりしていたのでしょうが、次第に「釣り人に近づいて待っていれば、魚をくれることもある」と学習したのでしょう。

釣り人の動きとサギの動きの関係を見ていると、非常に面白いことがわかります。サギは釣り人の手の動きに常に注目しており、「魚が釣れたときには竿《さお》を上げる」ということをよく知っています。ですが、釣り人が竿を上げるのは、魚が釣れたときだけではありません。単に仕掛けを流し終わって上流に打ち込み直すのかもしれませんし、餌を付け替えるのかもしれません。サギにはそこまでわかっていませんから、釣り人が竿を上げるたびに、ヒョイと首を伸ばして手元を確認しています。もし魚が見えなければ、サギはすぐ待機姿勢に戻ります。ですが、小魚が見えた途端、釣り人に近づいて、投げてくれるのを待ちます。魚を飲み込むとまた少し離れて、待機姿勢に戻ります。サギに限りませんが、「餌を採るために一時的に踏み込んでもよい距離」と、「じっと待機していても安心な距離」は少し違うのです。どの程度の距離まで近づくかは、その個体の馴れや、釣り人の態度によって変わるでしょう。

釣り人だけでなく、四つ手網でエビや小魚を獲っている人がいると、サギが近寄ってきて見ていることがあります。網にかかった獲物を人間が回収した後、サギが足早に踏み込んできて、網からこぼれた獲物を拾って回るからです。

こういった採餌行動のバリエーションはたしかに興味深いのですが、私がなんとなくサギ好きな理由は、それだけではありません。あの長い首を曲げたり縮めたり、あるいは足運び、クチバシを向ける方向や視線などで、「何をやりたいか」がわかるような気がする、というのも理由の一つです。忍び寄ってじっと凝視して、首を縮めて、そこで獲物が逃げてしまうと「ああ……」とでも言うように見送ってから、また元の姿勢に戻るのを見ていると、「サギのやりたいこと」が感覚的に理解できるわけです。もちろん、「人間にこう感じられる」のと実際のサギの行動が必ずしも一致しているとは限りませんが、おそらく、推測しやすい動物ではあるでしょう。推測と実際がどれくらい合っているかは、観察して確かめてみてください。

◎道路は何に見える？

セキレイ

Motacilla sp.

全長20センチメートル程度。長い尾を振りながら地面を走り回る姿が特徴的な、昆虫食性の鳥。水辺の鳥の印象が強かったが、最近はすっかり駐車場の鳥に？

日本で見られるセキレイ3種

セキレイは尾の長い、スマートな鳥です。セキレイの居場所は？　と聞かれれば、「水辺」と答えるのが普通でしょう。たしかに間違いではありません。

ですが、近年、街なかでセキレイを見かける機会がどんどん増えているのも事実なのです。特に鳥に興味のない人ならば、セキレイは街の鳥という印象のほうが強いかもしれません。でも、街なかに多いのはハクセキレイです。セグロセキレイやキセキレイは市街地にも住むとはいえ、依然として水辺の鳥であり、水辺から完全に離れて住み着くことはほぼありません。ここでは、最近すっかりお馴染みになりつつあるハクセキレイを中心に、彼らが都市にどうやって住んでいるのかを見てみましょう。

日本で繁殖するセキレイは基本的にはセグロセキレイ、ハクセキレイ、キセキレイの3種類です。北海道北部ではこれに加え、キセキレイによく似たツメナガセキレイも繁殖します。旅鳥（渡りの途中で通過するだけで、日本に長く留まらない鳥）、もしくは稀な冬鳥（日本で越冬する渡り鳥）としてイワミセキレイ、キガシラセキレイも見られますが、繁殖はしていません。これ以外にビンズイやタヒバリもセキレイ科ですが、ここでは名前にセキレイとついて、かつ一般的な、日本各地で繁殖する3種だけを扱うことにします。

セキレイ3種を比べてみた

セグロセキレイは世界的には非常に分布の狭い鳥で、ほぼ日本にしか分布しません。朝鮮半島などでも越冬しますが、繁殖はほぼ日本だけです。このため、ジャパニーズ・ワグテイルの英名を持っています。

残る2種はもっと広く分布する鳥です。キセキレイはユーラシアの中緯度地域では留鳥で、冬になると赤道あたりまで移動する個体群もあります。繁殖期には中国からロシアの広い範囲で見られます。ユーラシア大陸ではポピュラーな鳥ということになるでしょう。

さらに一般的なのがハクセキレイです。ユーラシアからアフリカ大陸北半分のほぼ全域に分布しています。分布の広さで言えば、一番メジャーなセキレイは多分、ハクセキレイということになります。

日本には少ないツメナガセキレイもワールドワイドな鳥で、ハクセキレイに匹敵する広い分布を持っています。さらに、越冬地がアフリカの南半球側まで広がっているので、そういう意味ではハクセキレイより分布の広い鳥とも言えます。

さて、数十年前まで、ハクセキレイは北日本を中心に繁殖し、西日本では冬鳥という印象がありました。私が関西で鳥を見始めた頃にも、冬にしか見かけない鳥だったという記憶があります。夏に見かけるセキレイといえばセグロセキレイとキセキレイでした。それがいつの間にか、ハクセキレイがいつまでも居座るようになり、ついには一年中見られるようになって、3種が混じっているのが普通になってしまいました。もともと繁殖地の一部であった関東地方でも、繁殖するハクセキレイが増加したという報告があります。繁殖地が全体に南まで広がりつつあるようです。

　前述したように、セグロセキレイの分布はほとんど日本に限られています。おそらく、ユーラシアに広く分布するハクセキレイのほうが祖先種で、セグロセキレイはそこから分岐した種類だと考えるのが妥当でしょう。現在、ハクセキレイの繁殖域が日本全国に広がっているのは、何らかの理由で一度は分化した種が、再びその分布を大きく重ねようとしているということでもあります。しかし、今のところ、この2種が交雑した記録はありません。色合いや鳴き声など、なんらかの違いが、2種の交雑を阻んでいると考えられます。

　ハクセキレイの白黒度合いは変異が大きく、特に夏羽ではセグロセキレイかと思うほどはっきりと白黒の個体もいますが、ハクセキレイならば目の下にも白色部が

出ます。白い眉線と喉元を除いて、頬のあたりが真っ黒なのはセグロセキレイだけの特徴です。鳴き声もよく似ていますが、セグロセキレイのほうがやや声が濁り気味で、特に飛行中に「ビビビッ」という特徴的な声を出すのはだいたいセグロセキレイ。こういった微妙な違いが、鳥同士の種認知に関連するのでしょう。

水辺の鳥？　都市の鳥？

セキレイはもともと、都市部にも生息していました。１９８０年代に宇都宮市でセキレイ類の分布を調査した平野敏明の研究によると、セグロセキレイの27％、キセキレイの36％が住宅地に見られたとしています。また、セグロセキレイの7％、キセキレイでは23％もが、建物の密集した都市部で記録されています。こうしてみると、セキレイは以前からそれなりに、市街地の鳥だったのです。ただし、この研究では、セグロセキレイの45％は水田で、15％は大きな河川で見つかっています。やはり彼らの最も好む環境は、水辺を歩きながら昆虫を食べることのできる、浅い水や飛び石の連続する場所だと考えられます。キセキレイはこの研究では市街地、都市部での観察例が多いのですが、30％ほどは水田で観察されており、また住宅と言っても丘陵地の谷間によく見られたとしています。たしかに、キセキレイは山地の細い渓流でもよく見かける鳥です。つまり、セグロセキレイとキセキレイは「市街地にも進出しているが、どう見ても田んぼや水辺が好きそうな鳥」であったわけです。

これに対し、ハクセキレイの生息環境には際立った特徴があります。観察されたハクセキレイのうち44％が市街地、29％が都市部、そして工業地帯も18％に達しています。

これはハクセキレイが（本当は好きな環境ではないとしても）セグロセキレイのいない場所に入り込んだ結果、生息場所が分かれただけかもしれません。ですが、世界的に見た場合、セキレイが住んでいるのは水辺だけではありません。ツメナガセキレイやイワミセキレイなどは草原にも見られ、ユーラシア大陸内陸の乾燥地にも分布しています。開けた場所を歩きながら昆虫を探し、ときにはサッと飛んで空中で昆虫を捕まえる、というのがセキレイの基本です。その「開けた場所」の中に水辺も含まれている、と考えたほうが、どうやらよさそうです。ハクセキレイは特に、水辺だろうが草原だろうが荒れ地だろうが、開けた場所なら何でもＯＫという傾向が強いようです。一方、セグロセキレイやキセキレイは水辺で見かけることが多く、「開けた場所ならどこでも」とはいかないようです。

日本は湿潤な気候でどこにでも水があるので、河川を好むセキレイも特に困らなかったでしょう。近年になって、都市部を中心に地面が舗装され、河川も埋め立てられたり、改修されたりして、水辺に依存するセキレイが不利になってきている、という部分はあるかもしれません。

それに対し、「開けた場所ならいい」というハクセキレイが、増加する都市環境にうまく適応し、分布を広げているという状況に見えます。今やハクセキレイはすっかり水辺を離れた都会にも分布を広げ、東京駅の目の前のビルの間を歩いていることも珍しくありません。並木やちょっとした植え込み、屋上緑化などを巧みに利用し、さらに人間由来の餌もちゃっかり利用しています。

さて、先の平野の論文は1985年に公表されたものですが、その20年後、2005年の論文では、ハクセキレイはさらに増加し、以前は見られなかった大きな河川にも増えていることが報告されています。そのためセグロセキレイとハクセキレイの分布する環境に差がなくなってきている、という興味深い結果です。ハクセキレイのほうが守備範囲が広いだけで、河川が嫌いだというわけではなさそうです。

この論文ではセグロセキレイの分布は特に減っておらず、空白だったところをハクセキレイがどんどん埋めているとしています。個人的な感想としては、奈良市や京都市ではセグロセキレイが押され気味なように感じるのですが、あるいは、環境の変化によってセグロセキレイが住みづらくなり、いなくなった所にハクセキレイが入ってきている、ということかもしれません。

長い尾羽は何のため？

さて、セキレイの特徴は長い尾羽です。これはいったい、何か役に立っているのでしょうか？

地上を歩いて採餌するのに、あんな長い尾はいりません。同じように水辺で採餌するチドリの仲間が、ひどく尾が短いのを見ればわかります。草地で餌を取るヒバリもあんなに長い尾は持っていません。

これについて完全な答えはないのですが、私が観察していて気づいたのは、セキレイが時折見せる、空中での不思議な機動でした。

セキレイは昆虫を空中で捕食することがあります。それ自体はいろんな鳥が行なうのですが、普通、こういったフライングキャッチは「サッと飛んでパクっとくわえて戻る」というものです。ですが、セキレイはそれだけでは済まない、昆虫との執拗な空中戦を繰り広げることもあります。

地上を歩いていたキセキレイがサッと顔を上げると、羽ばたいて飛び立ちました。ほんの数メートル飛ぶと、空中で何かを狙うように口を開けて急旋回しています。双眼鏡を向けると、狙っているのはどうやらカゲロウ。カゲロウは速く飛ぶことはできませんが、フラフラと上下しながら不規則に飛び、捕まえろと言われたらそれはそれで苦労しそうな昆虫です。

カゲロウに襲いかかったキセキレイは1撃目をかわされ、翼を開いて急旋回しながら、さらにカゲロウを追いました。2度、3度と旋回するうちに、どんどん速度が落ちてきます。ついに、セキレイは体をほとんど垂直にして、羽ばたきだけで体を空中に浮かせているような状態になりました。

この状態では翼や尾羽の空力的な効果で飛行方向を変えることはできません。尾羽を舵として使うには、それなりの速度で空気を当ててやらなければいけない……ということは、ある程度の速度がないと操縦ができないからです。ところが、このとき、セキレイは尾羽を大きく回すように振ったのです。途端、おそらくその反動で、セキレイの胴体が反対方向に回転しました。次に尾羽を振ると、またその反動で体の角度が変わりました。そして首を伸ばしてくちばしを突き出すと、見事に餌を捕らえました。

　このエピソード的な観察だけでは実証的な研究とは言えませんが、彼らの尾羽は、フワフワと飛ぶ昆虫を追って超低速で方向転換をするとき、反動を利用して体を回すためのカウンターウェイト（釣り合いをとるための重りのこと）として機能しているのではないか、と想像しています。このような姿勢制御は宇宙機で用いられることがあります。例えば２００５年に小惑星イトカワに到達した探査機「はやぶさ」は姿勢制御用にリアクション・ホイールという装置を積んでおり、円盤を回転させる反力で姿勢を変化させていました。普通、鳥は飛行機と同じく、翼や尾羽を使って空力的に姿勢を制御していますが、十分な風圧が期待できない状況では、反動を利用した姿勢制御も行なうのかもしれません。

もう一つの特徴である、ピョコピョコと尾羽を振る行動については、見当もつきません。獲物を狙うモズも尻尾をクルン、クルンと指揮棒を振るように動かしているので、何か、停止状態から餌に向かって突進するときに役立つのかもしれないのですが……。そういえばネコもヤモリも、獲物を狙っているときはクルン、クルンと尻尾を振っています。運動機能とは関係なく、獲物の目を尻尾に引きつけておくとか……。あるいは、まったく内的なもので、緊張すると「ついやってしまう」だけのことなのかもしれません。この辺は適応的な意味だけで考えようとすると失敗することもあります。生物の形や行動の適応的な進化は驚くほど巧みなものですが、そのすべてが適応的で最適化されたもの、とは限りません。単なる妥協の産物や偶然ということも、あり得ます。

もっとも、ボクサーは小刻みにフットワークを使いますし、北辰一刀流という剣術の流派の構えでは剣先を細かく上下に振るので、急激な動作を起こすには、ヒョイヒョイとリズムをとるように体を動かしておいたほうがいいということも、あるのでしょうか？　ちなみに北辰一刀流では、これを「鶺鴒《せきれい》の構え」と呼んでおり、まさにセキレイの動きを写したものとされています。

セキレイは都市をどう見ているか?

さて、セキレイが都市部に適応できた理由はいくつかあるでしょう。

一つは、都市河川を足がかりにできただろう、ということです。セキレイの餌は小昆虫ですが、都市部の河川でもユスリカやトビケラはしばしば発生していますし、ガガンボ、ミズアブなどもいます。こういった昆虫はセキレイの餌になったはずです。また、セキレイは浅い水を歩きながら採餌しますから、コンクリートで固められた排水路のような川でも、水深さえ適当なら採餌できないわけではありません。

次に、ハクセキレイが水辺だけでなく、「開けた場所」の鳥だったことです。都市部は立て込んだ場所ではありますが、駅前ロータリー、駐車場など、そこそこ広い場所というのはあります。多くの鳥はこういった場所だと植生の生えた部分しか利用しませんが、ハクセキレイはあちこちを走り回っているのを見かけます。

また、本来は昆虫食のセキレイですが、都市部のハクセキレイはパン屑のような人為的な餌を利用することもあります。セキレイ類の消化機能や栄養要求の違いを調べた例はありませんが、少なくともハクセキレイは餌の守備範囲が広いのはたしかです。これも都市部への進出を助けたでしょう。もちろん、それまで昆虫を食べ

わずかな隙間に作られたハクセキレイの巣

ていたハクセキレイがいきなりパン屑を食べたりはしなかったでしょうが、河川を足がかりに生息域を広げながら人為的な餌にも出合い、「食ってみたら食えた」ということであったろうと想像しています（残念ながら想像だけですが）。

また、セキレイは営巣に樹木を必要としません。彼らは地上の物陰や、重なった岩の隙間などを利用して営巣します。これも河川敷、あるいは荒れ地に適した生活なのですが、同時に市街地での営巣を容易なものにしています。開けた場所で何かの陰、もしくは何かが積み上げてある……、そんな場所はいくらでもあるでしょう。それこそ、空き地に廃車が積んであれば、セキレイにとっては非常に好適な営巣場所となります。スズメやムクドリのように、民家の隙間を使うこともよくあります（ただし、スズメやムクドリほど完全に「穴の中」という場所より、物陰っぽいところが好きです）。列車の連結器に営巣してしまい、幸いにして短い区間を行き来する路線だったので、そのままヒナが育ったという例もあったと聞きます。

私がとある場所で見かけたハクセキレイの巣は、消火栓と壁のわずかな隙間にありました。10センチほどの隙間に枯れ草を積み上げ、その真ん中に丸いくぼみを作ったものが巣でした。卵は灰褐色で黒い斑点があります。あの長い尾でどうやって卵を抱くのだろうと思ったのですが、親鳥は器用に尻尾をはね上げ、巣の中にはまり込むような形で抱卵していました。

さて、ハクセキレイを見ていていつも思うのは、「都市部の舗装された地面や道路は、セキレイにとってどういう環境なのだろう？」ということです。

舗装面は明らかに草地ではありません。ただ、道路の端、舗装の切れ目の部分にはわずかな隙間があり、草が伸びてきていることはしばしばあります。また、歩道と車道の間に植え込みや並木があることも、珍しくはありません。こういった場所

は土がむき出しで植生があり、ということは昆虫がいて、セキレイの採餌可能な場所になっているでしょう。道路を歩くセキレイを見ていると、こういった場所や、車道と歩道の境目などを集中して狙っている様子がわかります。こういった、線状に餌の分布が多い環境は自然界にも存在します。まさにセキレイの住処である、水辺です。河川の水際は線状に長く続く採餌場所なのです。「開けた場所が細長く連続しており、その中に採餌に適した場所が伸びている」という構造だけを見れば、道路と河川には似たところがあるように思います。

　そう考えると、都市に住むセキレイにとって、道路とは市街地を網の目のように結ぶ、干上がった河床に過ぎないのかもしれません。駐車場は「川の脇にある水たまりの跡」みたいなものでしょうか。セキレイは水辺で餌を取りますが、水辺の干上がった水たまりも大好きです。というか、水たまりは鳥にとって重要な餌場なのです。水たまりにはさまざまな生物が取り残されており、水たまりが小さくなるにつれ、逃げ場を失ってゆきます。こうなると鳥にとっては食べ放題。最後に水が干上がると水生昆虫や小魚が取り残され、本来は水中の餌を採餌できない鳥にとってもチャンスが到来します。こういうときは、セキレイはおろか、ムクドリまでもが

水たまりができるしくみ

小魚をつついていることがありました。水がなくなっても、湿気の多い水たまり跡は草が生え、昆虫を供給します。未舗装の駐車場なんて、まさに同じ条件かもしれません。

もちろん鳥が世界をどう認識しているかを知ることはできませんが、こう考えると、道路を走り回るハクセキレイは、もともとの生活とそれほど違ったことをしているわけではない、とも思えるのです。

◎冬の果実

ヒヨドリ

Hypsipetes amaurotis

全長27センチメートル。灰色でピー！ キー！と騒がしいが、平安時代から親しまれた鳥でもある。

果実大好きブルブル

ヒヨドリはごく身近な鳥です。漢字で鵯、「卑しい鳥」と書くくらいですから、ありふれた鳥と思われていたことがうかがえます。一方で『古今著聞集《ここんちょもんじゅう》』には、ヒヨドリを飼っていた話や、鵯合わせとしてヒヨドリを持ち寄って遊んだ様子が描かれています。『古今著聞集』は鎌倉時代に成立したものですが、記された内容は平安期のものが多いので、貴族たちの間でそれなりに可愛がられた鳥でもあったようです。

英語でヒヨドリの仲間はBulbul（ブルブル）といいます。ブルブルと書くとちょっとかわいい感じがしませんか？　なお、日本にいるヒヨドリ科はヒヨドリと、沖縄に分布するシロガシラくらいですが、東南アジアでは非常にポピュラーなグループです。マレーシアに行ったときに「よしメジャーな奴だけでも鳥を覚えるぞ」と思って図鑑を眺めたらブルブルが10種くらい出てきて、「なんでこんなヒヨドリだらけなんだ」と思ったことがあります。

ヒヨドリは熱帯・亜熱帯の森林に適応した鳥だろうな、と思える点がいくつかあります。まず、彼らは樹上性が強く、あまり地上に下りたがりません。熱帯林は樹高40メートル以上に達する垂直構造の中に、何層もの樹冠があって、いってみればそれだけで地上が何段も重なっているようなものです。このような場所であれば、樹上だけで生活を完結させるほどの極端な樹上性でも、特に困ることはないのでしょう。

また、日本の鳥としては珍しいくらい、果実食に依存した鳥です。昆虫も食べますが、季節の果実を食べて食いつないでいる、というところもあるのです。熱帯ならば、結実期が不定な植物もあり、一年中何かしら果実を探すことはできるでしょう。ですが、日本で果実を食いつなぐのは、ちょっと難しいところもあります。サクラ、ヤマボウシ、クワ、キイチゴ、ヤマモモ、エノキ、ムクノキ、と春から秋に向けて実る果物を綱渡りのように食いつなぐしかありません。

実際、ヒヨドリ科の鳥の中で、一番北に分布するのが日本のヒヨドリです。それですら北海道からは冬になると逃げ出します。ヒヨドリの分布はアオキという植物の分布とだいたい一致しており、温帯性の、しかも果実をつける樹木が少ない地域には住めないグループであることがうかがえます。また、アオキは他に果実が少ない時期を狙うように結実しており、ヒヨドリを種子散布者（果実を食べたりして種

子を遠くまで運び、植物の繁殖に貢献する動物）として利用し、確実に果実を食べさせるような戦略をとっていると考えられます。

晩秋から冬にかけての重要な餌が、クスノキです。京都や奈良では12月から1月まで、ヒヨドリがクスノキに群がって食べているのが観察できました。クスノキの果実を食べにくるのはヒヨドリだけではなく、ドバト、キジバト、カラス類も常連です。冬の寒くなった時期に大量の果実をつけてくれるクスノキは、鳥にとってありがたい存在でしょう。

そして、年末から正月にかけて庭先でよく見られるのが、ナンテンの実の争奪戦です。もし庭先に（あるいは、いつもの場所に）ナンテンがあるなら、これに着目していると、鳥たちの種間競争がよく見えます。真冬という厳しい時期だからこそ、競争も激化し、人間の目にも見えやすくなるわけです。

ナンテンのような赤い果実は、鳥を呼んで果実を食べさせ、種子を運んでもらうのに役立ちます。こういった鳥散布の植物は、鳥に対して有効にアピールする色や、鳥の喜ぶ栄養分を使って自らを宣伝し、鳥を呼び集めます。果肉部分に蓄えられた

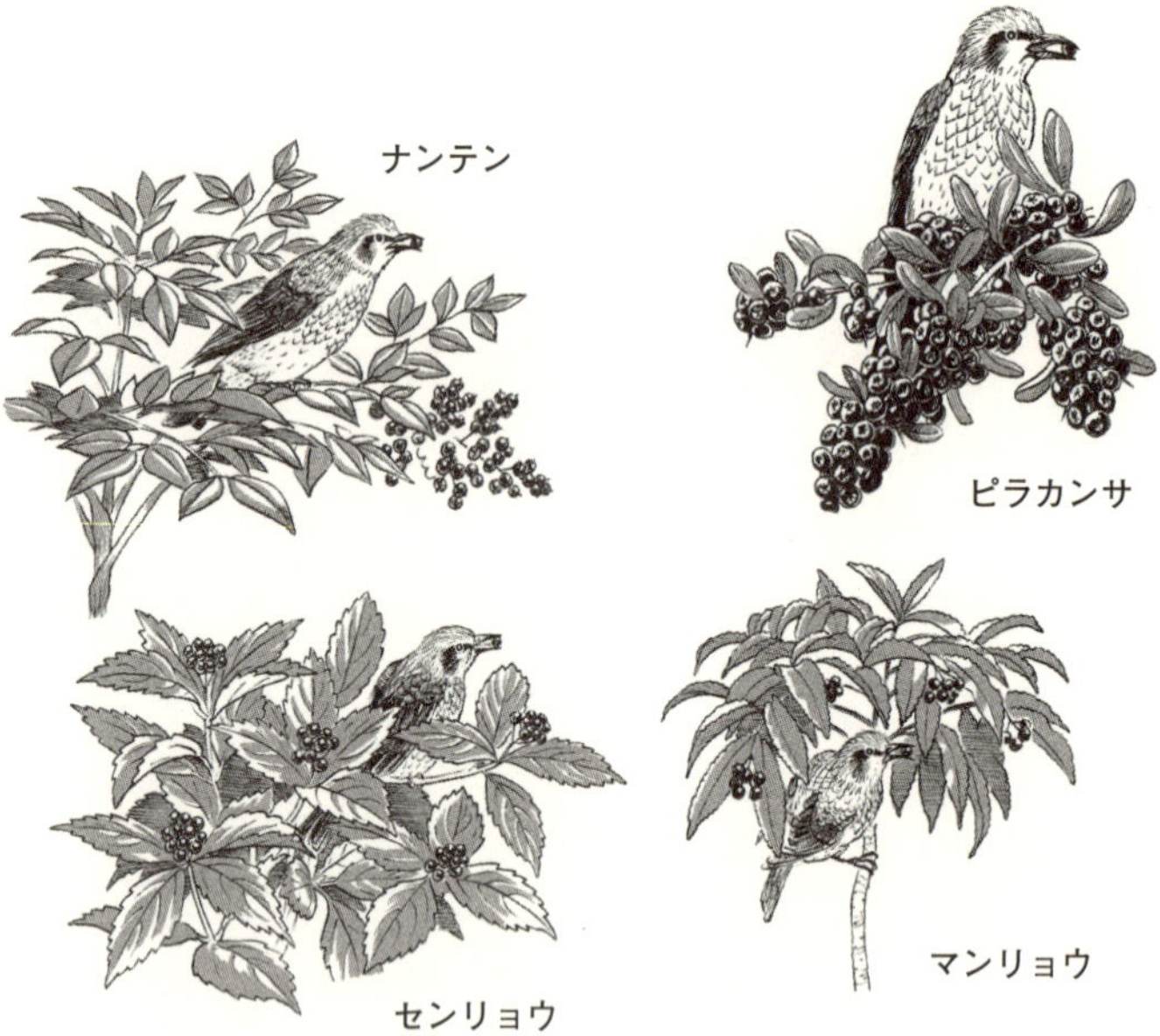

冬に赤い果実をつける庭木

糖分、タンパク質、脂質などが、鳥に対する報酬になるわけです。

さて、年末から正月に結実する、赤い果実の庭木としては、ナンテンの他にもセンリョウ、マンリョウ、ピラカンサがあります。中でもピラカンサは「鳥の好む果実」としてよく知られていますが、本当でしょうか？

私の実家には幸い、ナンテンとセンリョウとマンリョウがありました。この中で、真っ先に果実がなくなるのはナンテンです。センリョウはナンテンをほぼ食べ尽くした後で、マンリョウに至っては最後まで果実が残っているほどでした。

別のところでピラカンサとセンリョウとナンテンを見比べていると、やはり真っ先になくなるのはナンテン、次がセンリョウで、ピラカンサはセンリョウと同じか、センリョウの後でした。どうも、鳥はあまりピラカンサが好きではないようです。少なくとも「他に選べるなら」あまり好んでいないのではないでしょうか。もちろんピラカンサしかなければ食べるでしょうが、「鳥はピラカンサが好き」というお話は、たまたま庭にピラカンサしかなかったから出てきたのではないかと思います。

センリョウとマンリョウのこのような違いには、木の高さや枝ぶりも関係していそうです。センリョウはやや丈が高く、果実が上のほうに実ります。マンリョウは結実した枝先が下を向きます。つまり、マンリョウを食べようとすると、ゆらゆら揺れる枝に（しかも地上すれすれで）逆さまに止まるか、地上に下りて地面からつつくことになるわけです。となると、比較的大型で、しかも地上での行動が苦手なヒヨドリ向きではありません。見ていると、地面に飛び降りてきて一口食べるとまた飛び去ったり、超低空で必死に羽ばたいてホバリング（停空飛翔）しながら食べていたり、果実の1個や2個では引き合わないほど努力しています。これに比べると、ナンテンは枝に止まったままパクパクと食べられるので、ずいぶん「お得」な気がするのです。

糞を調べる

こういった餌の切り替わりを知るには、直接観察の他、糞分析という方法があります。直接観察の場合、どうしても「自分が見ていない間に何をしたかわからない」という問題がつきまとうのですが、糞分析ならば「自分が見ていない間だろうが、この数時間以内に食べたものを教えてくれる」という利点があります。ただし、

センダンという木の果実を食べたヒヨドリの糞

完全に消化されてしまうようなものは糞の中に残らないので、発見することができません。その点、鳥が散布する果実の種子は「消化されずに糞と一緒に落ちて発芽する」のが目的ですから、必ず残ります。糞から出てこない餌もある以上、「食べたものの中で果実がどの程度の割合を占めるか」といった分析は完全にはできませんが、「どのような果実を食べたか」ならば、かなり正確なデータが手に入ります。

糞を見つけたら、ピンセットで拾い上げ、アルミホイルに包んでシールパックにでも入れて持ち帰れば、簡単に調べることができます。糞はシャーレに入れて水をかけてほぐすか、茶こしに入れて水で洗えば、内容物が出てきます。これを拾い上げてルーペか実体顕微鏡で観察するわけです。

すべての内容物を探り当てようとすると大変ですが、種子のいいところは、前もって見本を作っておける、ということです。その時期に周辺に実っている果実を取ってきて、種を取り出しておけば、それが見比べるためのサンプルになります。これを、例えば毎月10個とか決めて、糞を拾って調べていけば、糞に含まれる種子の種類が移り変わってゆく様子がよくわかるでしょう。また、どの季節にはどんな植物がヒヨドリにとって重要かよくわかります。

ただし、糞の落とし主が誰かを特定する必要がある場合は、糞をする瞬間を確認して拾いに行かなくてはなりません。糞だけではヒヨドリかムクドリかツグミかわからない可能性が高いからです。*

なお、ヒヨドリが食べるのは果実だけではありません。特に初夏から夏にかけては昆虫もよく食べています。昆虫の外骨格は固いキチン質でできているので、消化されにくく、糞の中に残ります。この細かな昆虫の破片を丁寧に拾い集めておけば、

食べていた昆虫を調べることもできます。本気でやろうとするとかなり大変な作業になるのですが、試しにちょっとやってみるだけなら難しいことではありません。「これは何かの羽ではないか」などと考えだすと、なかなか楽しいものです。

　ですが、バラバラになった破片からその正体を種まで同定するのは困難です。固さや色合いや厚みから「甲虫の仲間」まではわかるが、それ以上はちょっと……というような場合が大半です。こんなとき、本気で調査している研究者は、その鳥が食べていそうな昆虫の標本を作り、パーツごとにバラバラにして、試料と見比べられるようにしています。そうやって「あ、これはドウガネブイブイの爪」とか「口

---

* 糞に含まれるDNAから落とし主を鑑定するという方法はあります。消化するときに消化管の内壁の細胞が剥がれ落ちて糞に混じって排出されるので、糞からDNAを抽出し、ヒヨドリのDNAが混じっているかどうかを調べることができます。
具体的には、プライマーを加えて試料を増幅します。プライマーというのは、特定の塩基配列と結びついて複製開始の起点となる塩基対のことです。ヒヨドリに特有の塩基配列にのみ結びつくプライマーを選んで加えることにしましょう。DNA断片が複製されて増えたなら、すなわちそれはヒヨドリの遺伝子を含む糞だった、つまりヒヨドリの糞だろう、ということになります。もしヒヨドリでなければ、プライマーは結合する相手がいないので働かず、DNAも増幅されません。

唇部の、この節」とかやるわけです。私にはそんな根気はありませんが。

ヒヨドリが葉を食べるとき

さて、鳥類は基本的に、あまり葉っぱを食べません。葉は重量あたりの栄養価が低く、しかも固いので、消化に時間がかかるからです。

植物の細胞を囲む細胞壁はセルロースでできていて、成分はデンプンと同じです。つまり、消化できればよい栄養源になります。ですが、問題は「消化できれば」の部分。こういった分子を分解するには酵素を使いますが、酵素は特定の物質にしか効かないので、デンプンを分解するアミラーゼはセルロースを分解できません。セルロースを分解するには、セルラーゼという酵素がいります。そして、ほとんどの動物はセルラーゼを作れないのです。

したがって、動物が葉っぱを効率よく消化するのは大変です。ウシなどを考えるとわかりますが、葉っぱをちぎって噛み潰して飲み込み、4つある胃を駆使して、わずかずつ消化しては口に戻して反芻《はんすう》してまた飲み込む、という手間をかけたうえ、消化管内の共生細菌の力を借りて、やっとセルロースを分解しています。ここまで

ブロッコリーを食べた直後のヒヨドリの糞

やれば、セルロースは栄養豊富な食料となります。つまり、固い繊維を含む葉っぱを機械的にすり潰し、さらに時間をかけて、共生細菌の力も借りて化学的に分解する必要があるわけです。

人間の場合、共生細菌がいませんから、葉っぱを食べてもセルロースを分解することはできません。だから、野菜は低カロリーのダイエット食なのです。もし消化できてしまうと、サラダを食べるのはジャガイモを食べるのと同じことになってしまい、ちっとも痩せません。セルロースもデンプンも材料は同じだからです。

鳥には植物をすり潰す歯がありません。反芻するような胃も持っていません。第一、大量の半消化状態の草を腹に入れたまま飛び回るのは、あまりに非効率です。体重は飛行性能に直結しますから、鳥はあまり重くては困るのです。しかも飛行はエネルギー消費が激しいので、「何時間もかけて反芻すればそのうちエネルギーになるよ」では間に合いません。

鳥類の中で、日常的に葉を食べているのはカモの仲間と、あとはキジの仲間でしょうか。どちらも比較的大型で胴体も太く、あまり飛び回る鳥ではありません。キジは昆虫やミミズなど小動物も食べていますが、特に植物質の餌をよく食べるカモは、大きな盲腸で植物を消化しています。また、カモ類は水上に逃げるという手が使えるので、例え体が重くても、ある程度はごまかせるでしょう。陸上性で、しかも飛ばないと採餌も捕食回避もできない一般的な鳥とは少し違うところです。

このように葉を食べることはあまり多くない鳥類ですが、冬の終わりから早春にかけて、ヒヨドリによる野菜への食害が発生します。食べるのはダイコン、キャベツ、ハクサイ、ブロッコリー、カリフラワーなどの葉です。いずれもアブラナ科で、人間が食べてもおいしい葉っぱです。

クスノキとナンテンを食べ尽くした後、ヒヨドリは一時的に食べるべき果実がない状態に陥る場合があるのです。サザンカやツバキの花蜜もよく食べますが、あれだけで食いつなぐには、やはり量が足りないのでしょう。かといって、まだ寒いので昆虫も出てきません。

この時期、ヒヨドリは展開しかけている若芽を狙います。ヒメユズリハの若芽や若葉はしばしば狙われています（ヒメユズリハは肉厚でおいしいのか、ユリカモメも食べることがあります）。そして、近くに畑があれば、アブラナ科の葉っぱも彼らの餌になるわけです。

人間が食べてもおいしい野菜は、比較的柔らかいうえに瑞々《みずみず》しく、有毒物質（つまりアクやエグみです）が非常に少なくなっています。こういった植物ならば鳥にも消化しやすく、たくさん食べたときの中毒の危険も最小にできます。このような栽培品種は、本格的な草食動物とはとても呼べない人間にもおいしく食べられるほど品種改良された結果、ヒヨドリにとっても非常によい餌になっているわけです。

ナンテンをめぐる熾烈な争い

さて、『とりぱん』という漫画があります。庭の餌台に来る鳥たちを中心につづられた楽しい漫画ですが、この中に餌台の常連として「ヒヨちゃん」が登場します。いつも乱暴でヤル気満々なヒヨドリたちのことです。

そして、冬になるとやってくる、とても弱気なツグミ、「つぐみん」も登場します。もう見ていて哀れなほど、ヒヨちゃんやオナガたちに苛《いじ》められる役なのですが……。

経験から言うと、どうしても納得がいかないのです。少なくとも奈良市の私の実家の庭先では、ツグミはそんなに弱っちい鳥ではありませんでした。

庭にナンテンがあれば、これを確かめるのは難しいことではありません。私の家の居間の真ん前にはナンテンがあり、部屋の中でじっと見ていると、さまざまな鳥が果実を食べに来ていました。中でも、常連だったのはヒヨドリです。大きな体で強引に枝に止まり、ときには必死に羽ばたいて空中停止してまで、ヒヨドリはナンテンの果実を食べに来ていました。このときにメジロやジョウビタキなど他の鳥がナンテンに止まっていることもあるのですが、ヒヨドリはこういった鳥をことごと

く追い払ってしまいました（というか、たいていは追い払うまでもなく、ヒヨドリが来ると小さな鳥は逃げてしまうのですが）。

また、ヒヨドリ同士が出会うと、しばしば「ピー！　キー！」と声を上げてケンカを始め、餌を独占しようとしていました。そんなことをするより1個でも多く果実を食べたほうが得な気もしますが、ヒヨドリはなかなか、ナワバリ意識の強い鳥なのです。

ところが、そうやってヒヨドリが餌を独占しようとしていると、突如、「ケケケケ！」と声を上げて、地面を疾走してくる鳥がいます。それがツグミでした。驚いたことに、ツグミが突っかかってくると、あのヒヨドリが飛んで逃げるのです。相手は地上から鳴いているだけなのに、です。いったい、ツグミのどこがあんなに恐れられていたのかまったくわかりません。

ところが、ツグミが胸を張っていると、さらに下生えの中を走ってくる鳥がいます。これがシロハラでした。シロハラが「キョキョキョキョ！」と声を上げると、今度はツグミが逃げてしまいます。

そういうわけで、我が家でナンテンを巡って最強なのはシロハラ、2番がツグミ、

強気なツグミ

もっと強気なシロハラ

3番がヒヨドリなのでした。

季節変化を観察してみる

ところで、みなさんがお住まいの場所で、ヒヨドリは留鳥でしょうか、それとも季節性があるでしょうか？

ヒヨドリは日本の多くの地域では留鳥ですが、北海道では主に夏鳥（繁殖のため、春から夏に渡来する渡り鳥）です。冬もいないことはないのですが、数が少なくなり、地域によってはいなくなります。

では、減ったぶんはどこへ行くのかというと、群れを作ってもっと南へ飛びます。9月末から10月にかけて、数十羽から、ときには百羽を超えるヒヨドリの集団が、高いところを飛んでいる姿を見かけることがあります。それが、越冬地に移動中の個体群なのでしょう。もちろん海も渡りますから、津軽海峡や伊勢湾を飛び越える大集団も見ることができます。愛知県の伊良湖《いらご》岬はタカの渡りで有名ですが、ヒヨドリが群れをなして海上に飛び出していく（そして、しばしばハヤブサに襲われている）のでも有名です。

さて、このヒヨドリたちは日本の南西部の各地に散らばり、そこで冬を過ごしています。つまり、場所によっては、冬になるとヒヨドリが増えているはずなのです。関西でもなんとなく増える感じがしていましたが、数十年前の記録を見ると、関東でも冬になると増えると書かれています。

また、もっと小さな距離での移動を考えれば、冬になると山から平地に下りてくるものもいると考えられています。このような、渡りと呼ぶほどでもない距離を移動する鳥は漂鳥と呼ばれたこともあるのですが、どこまでが漂鳥でどこからが渡り鳥か明確な線引きがないため、最近はそれほど使わない言葉です。まとめて言えば、ヒヨドリには季節による個体群の移動が見られる、ということです。

実際、冬は市街地でヒヨドリを見かける機会が増えるように思います。「見かける例が増える」のと「地域個体群が増える」のはまた別なのですが＊＊、こういった季節性の観察というのも、ヒヨドリを見ていて面白いところでしょう。さらに、この移動は地域によって違うので、別の地域と比較すれば、さらに興味深い観察ができるかもしれません。渡りの途中の個体群がやってきた場合、急激に個体数が増えてまた減る、という記録もとれるかもしれません。

このような記録は、毎年、同じ方法で記録を取り続けることでしか得られません。地味でも、継続的な調査が重要である理由です。

効率のよい飛び方?

ところで、ヒヨドリが飛んでいると、視野の端にチラッと見えただけでも「あ、ヒヨドリ」とわかることがあります。大きさや色合いも識別ポイントですが、一番大きいのは、特徴的な波状飛行です。ツグミなどもこういう飛び方をしますが、ヒヨドリが一番目立つでしょう。

＊＊　動物の行動や居場所が変化した場合、「単に目につく場所に出てきただけ」ということが起こります。例えば、庭にビワが実ればヒヨドリやカラスがたくさんやってくるでしょうが、これはヒヨドリの居場所が、目につきやすい場所に変わっただけです。地域個体群そのものは増えも減りもしていません。いつも見ている人の「増えた、減った」という印象は大事ですが、それだけでは増減を決められない場合がある、という点には注意が必要です。

波状になる理由は、ヒヨドリが飛行中に羽ばたきを止め、翼を畳んでしまうからです。当然、体は放物線を描いて落下しはじめますが、その途中で再び翼を広げて羽ばたき、上昇します。そしてまた翼を畳むことを繰り返します。

これはちょっと変わった飛び方です。現状の説明としては、「翼を畳んで弾道飛行している間、空気抵抗が減るため、エネルギーを節約できるのだ」というものです。たしかに翼を畳めば空気抵抗は最小化されるでしょうから、惰性でスイーッと弾道飛行し、再び加速する、というのは一つの方法です。

ただ、落ちた速度と高度を補うために、次に力いっぱい羽ばたくことになるでしょうから、エネルギーの収支がどうなっているのか、いささか気になります。そこそこの力で羽ばたき続けるのと、全力↓休憩↓全力を繰り返すのと、どちらが楽なのでしょう?

このあたりのエネルギー収支は、体重や速度、空気抵抗の違いによって変化します。一般的な傾向を言えば、大きな鳥は余計なことをせずに滑空したほうが有利です。小さすぎる鳥も、弾道飛行中の減速が早すぎて不利です。体重が軽すぎて、空気抵抗に負けてしまうからです。力学的な計算から、波状飛行が有利なのは、中く

省エネ？　波状飛行

らいの大きさの鳥が、そこそこの高速で飛ぶ場合とされています。

面白いのはホシムクドリで、この鳥は飛ぶ速度によって飛行モードが変わります。高速になると波状飛行を行なうので、この計算結果とよく一致しています。ヒヨドリもちょうど、波状飛行が経済的になるような大きさと速度なのでしょう。

飛び方を不規則にして捕食者の狙いをそらす、という意見も聞いたことはありますが、それにしては飛び方が規則正しい波形になっていて、あまり役立たないような気がします。捕食回避なら、もっとランダムな飛び方になるのではないでしょうか。

巣を前にして思うこと

最後に。

ヒヨドリはそれほど高くない樹木に営巣します。巣の高さもあまり高くない場合があります。巣は皿形のオープンネスト、いかにも「鳥の巣」といった形のもので、直径は15センチほどです。巣材は小枝や枯れ草ですが、都市部ではしばしば、ビニール紐が使われています。

ヒヨドリの営巣にはいくつか特徴があります。一つは、ヒヨドリのヒナの巣立ちが非常に早いことです。この大きさの鳥なら普通は2~3週間程度ですが、ヒヨドリは10日ほどで出てきてしまいます。飛べないうちに巣立ってしまいますし、巣立ちが近いときに脅かしたりすると、巣から飛び出してしまいます。

冒頭にも書いたように、ヒヨドリ科はユーラシアからアフリカの亜熱帯・熱帯域に分布する鳥です。おそらく、森林で繁殖している場合、巣を飛び出しても枝に止まってさえいれば、とりあえずは生き残れる可能性があるのでしょう。むしろ、枝伝いに巣を狙ってくる、ヘビやリス、サル、ジャコウネコのような捕食者の脅威に対しては、なるべく巣立ちを早めて生き残る、という戦略なのかもしれません。こ

ういった相手に対しては、巣に留まっていても食べられるだけです。

　ですが、庭木のような場所だと、止まるべき枝が密集しているとは限らず、落っこちてしまうものも出てきます。こういうヒナは枝にでも止まらせておけば大丈夫です。親は必ずヒナを見ていますし、鳴き声がすれば探しに来ますから、親鳥を信じてその場を離れることです。人間が近くにいると、親鳥が警戒してヒナの世話ができません。

　一番まずいのは、ヒナを人間が持ち去って世話をしようとすることです。ヒナの世話は温度管理や餌が大変なので、素人の手に負えるものではありません。また、ヒナがいなくなってしまえば、親鳥は他のヒナの世話にかかりきりになり、移動してしまいます。後から返しに行っても、一度連れ去られたヒナを見つけられるとは限りません。哀れっぽく鳴いているヒナを放置できない気持ちはよくわかりますし、その気持ちを悪く言うつもりはありませんが、これは「ヒナの誘拐」になってしまいます。絶対にやってはいけません。

　もう一つ、ヒヨドリのヒナにはやたらとダニがついているような気がします。タカラダニの一種かと思われる赤いダニですが、いったい何をしているのかわかりません。ダニがいるからといって必ずしも吸血しているとは限らず、逆に寄生虫を食べてくれる捕食性のダニなどもいたりするのですが、いったいあれは何でしょう。ヒヨドリの巣を確認したり、落ちたヒナを救護したりしたことが何度かあるのですが、なんだかいつでも、ダニにたかられていた記憶があります。他の鳥のときはあんなにたくさんいたとは思えないのです。もっとも、他の研究者に聞いたところ、「それは巣による」とのことでした。私はダニの多い巣にばかり当たってしまったようです。

第3章

鳥の社会もつらいよ

◎集団繁殖と年齢

ミヤマガラス

Corvus frugilegs

全長47センチメートル。常に集団で落ち穂拾いをしている地味なカラス、と思いきや、なかなか面白いところも。

コクマルガラス

Corvus dauuricus

全長33センチメートル。ハトほどの大きさ。「カラスは大きくて真っ黒」という常識をひっくり返す、かわいい鳥。

冬になると現れる大集団

ミヤマガラスとコクマルガラスは、ともに冬鳥です。主に、中国東北部で繁殖し、越冬のために日本各地に飛来します。

といっても、冬になると街なかにこれらのカラスが増える、というわけではありません。この2種は広い草地を好み、日本ではほぼ農耕地にしか見られないからです。市街地に入り込んでくることはまずありません。あるとしても、市街地の周辺部の電線でねぐらを作る程度です。大挙してゴミを漁ったりはしません。ヨーロッパでは街なかでゴミを食べていることもありますが、その程度は地域によって全然違うとのこと。日本に来るミヤマガラスは大人しく、人間から距離を置いているようです。

ミヤマガラスはハシボソガラスより少し小さいくらいのカラスです。シルエットはちょっと独特で、切り立った額と丸い頭のため、リーゼントみたいにも見えます。ただし、羽毛を寝かせると印象が変わり、ハシボソガラスのように見えます。鳴くときは尾羽を広げ、体を膨らませて首を斜め上に伸ばしながら、掠《かす》れ気味のしゃがれ声で「カラララ」などと鳴きます。

ミヤマガラスの特徴は、見かけるとしたら大概は集団である、ということです。少なくとも50羽、だいたいは個体数３ケタの集団で行動しています。つまり、１００羽はいて当たり前、数百羽いても別に驚かないよ、くらいのイメージです。農地を横切る送電線にズラリと並んで止まっていたりするのも、しばしばミヤマガラスです。もっとも、集団でないときはハシボソガラスだと思って見逃しているだけ、という可能性も、なきにしもあらずですが（笑）。

さて、ミヤマガラスの一番の特徴はクチバシでしょう。彼らのクチバシはハシボソガラスよりも細く、まっすぐです。「筆の穂先のような」と形容されることもあります。頭を丸くしていると、ほっそりしたクチバシが余計に目立ちます。

ミヤマガラスは集団で落ち穂拾いをしていますが、そこに混じるコクマルガラスをよく見ていると、時折、ピョンと何かに飛びついていることがあります。空中に向かってジャンプしていることもあります。イギリスのカラス科３種、ニシコクマルガラス、ミヤマガラス、ハシボソガラスを比較して研究した結果によると、小柄なニシコクマルガラスはトンボやガガンボに飛びついて採餌する例が多かったとされています。体が小さいぶん、より小型の餌でも効率よく利用できるのでしょう。

これに対し、ミヤマガラスはあまりドタバタと動きません。もちろん、イギリスでの研究と違い、日本で見られるのは寒い時期なので、そもそも昆虫が活発に動いていない、という理由もあるでしょう（晩秋に、ミヤマガラスが空中のアキアカネを食べているのを見たことはあります）。

自分の年齢を周囲に知らせる、珍しいカラス

ミヤマガラスは成鳥と若鳥に明確な外見の違いがあります。成鳥は、クチバシの根元が白くなるのです。

カラス科の鳥類は上クチバシの根元から半ばまで、毛のような羽毛に覆われており、ちょうど鼻孔の上あたりがカバーされているかたちになります。これを鼻羽と言いますが、ミヤマガラスでは生後10ヶ月から15ヶ月でこの部分の羽が抜け落ち、かつ、露出部に石灰質が沈着して白くなります（細かいことを言うと、ヨーロッパの亜種では下クチバシの下側から喉元にかけても羽が抜けますが、アジアの亜種では残ります）。若いうちは普通に鼻羽があり、頭の羽毛もあまり立てていないので、ハシボソガラスにそっくりです。

鼻羽

カラスは一般に、見た目では年齢がわかりません。巣立ちビナの間は口の中が赤いので明確に子供だとわかりますが、独立すると非常にわかりづらくなります。実際には喉の奥まで完全に黒くなるには1年以上かかり、ハシボソガラスの若鳥は風切羽に艶がないので何となくわかりますが、あまり明確ではありません。

そんななかでミヤマガラスは、遠くから見ても、口を開けなくても若造か大人かがわかる、珍しいカラスなのです。

鳥にとって、自分の年齢を周囲に

知らせることに意味はあるでしょうか？　人間なら、むしろ子供扱いされたくなかったりする年頃もあるものですが……。

オスとメスでまったく色合いの違う鳥はよくあります。ですが、幼鳥のうちはオスでも地味な色をしており、成鳥の美しい羽毛とはまったく違う場合があります。これは、生まれてすぐの、繁殖もしない時期に目立っても死にやすいばかりだから、と理解できます。オスだけが持つ美しい羽はメスを呼ぶためであり、たとえ目立つことで捕食されやすくなるとしても、繁殖に有利だから派手に着飾っているのです。性成熟もしていない、繁殖できない年齢なら意味がありません。

ですが、こういった鳥の中にはmaturation plumage delayといって、生まれた翌年にもまだ幼鳥に近い色合いの羽をまとい、「自分は若鳥です」と示すものがあります。これではメスに対して「自分は経験のない若造です。地位もないし、生存能力も未知数です」と正直に白状するのに等しく、繁殖上はどう考えても不利です。オスとしてはどんな手を使ってでも……ここはハッタリでもいいから……メスを引きつけ、繁殖するほうがよいはずです。

ですが、ここでもう一つ、考えるべき問題があります。それはオス同士で考えれば、嫁取り合戦に参加してくるオスはライバルであり敵だ、ということです。つまり、「一人前の男」の顔をした途端、周囲のオスたちから遠慮なしの攻撃を食らう、ということなのです。ここでは「ごめんなさい。ほんとはボク、ただのガキなんです」は通用しません。となると、

(1) 大人オスが本気でケンカを売ってきたら間違いなく負けるが、わずかでもメスを得られるチャンスがあるならそれに賭けてみる

(2) 今年はバトルに参加せず、体力をつけ、経験を積んで来年に備える

の2つのやり方があります。そして、どっちがよいかは条件次第です。周囲のオスがそんなに怖くなければ、(1) でもよいでしょう。たとえ大人たちが怖くても、ものすごく死亡率が高く、「来年はたぶん、自分も死んでいる」という条件でも、(1) の一択です。「よーし来年がんばるぞー」と言っているうちに死んじゃったら意味がありません。

一方、経験値を積むことで格段に強くなれる、つまり「一人前のオトナになれる」のなら、(2) もよい方法です。ということで、完全な成鳥羽への換羽を遅らせているような種は、大人オスからの攻撃をさけて来年に期待する戦略でやってい

るのでしょう。まあ、隙あらばメスも得られないかなー、くらいのつもりは、あるかもしれませんが。

繁殖から見えてくるもの

さて、ではミヤマガラス、コクマルガラスはどういう繁殖をしているのでしょうか。

この2種が特徴的なのは、コロニーを作って集団繁殖するということです。ハシブトガラスやハシボソガラスのように、ナワバリごとに分かれて営巣するわけではありません。文献によると、ミヤマガラスは1本の木に10個以上も巣を作っていることがあるといいます。日本で言えばカワウやサギ類が、こういった繁殖の例と言えるでしょう。

繁殖はペアで行ない、巣もペアのものです。ですが、ちょいと見上げれば、同じ木のすぐそこに「お隣さん」が繁殖しているという状態です。コクマルガラスは樹木だけでなく建物の壁の穴などもよく使うとのことですが、近距離で営巣していてもあまり気にしないのは、どうやら同じです。ただし、ヨーロッパのニシコクマル

ガラスの巣の距離は、営巣可能な場所が豊富かどうかで大きく変わることが知られています。巣を作れそうな場所が少ない場合は自然と距離が開いてしまいますし、ライバルに奪われないよう見張りも強化しなくてはいけないからです。

日本で見かける越冬中のミヤマガラスは集団で採餌していますが、海外での研究を見るかぎり、繁殖期の行動単位はペアが基本です。ペアは毎年使う営巣地（ルッカリー）を持っていて、非繁殖期にも日に一度は覗きに来ますが、ここをナワバリとして死守する、というわけではありません。というのも、同じルッカリーを何ペアもが使っているからです。このあたりがナワバリを持ったカラスの行動とは大きく違います。

ミヤマガラスも一応、巣の周囲を防衛します。ですが、そのナワバリは「お隣さん」によって圧迫され、非常に小さなものになります。採餌するときはペア単位で分散しますが、他の個体をそこに絶対に入れない、というわけでもないようで、結局、明確な「餌を採るためのナワバリ」というものはないようです。自分の巣は自分で守るのですが、その巣は狭い範囲に密集しているわけですから、外敵が巣に近づいた段階で追い払おうとすると、結局「みんなで防衛する」ということになって

しまいます。つまり彼らは同じマンションの住人のようなもので、昼間は夫婦ごとに分散して生活し、同じマンションに帰る、しかし隣の部屋に勝手にズカズカ入ることはできない、といったものだと思えばいいでしょう。

さて、そんな集団性のカラスに、なぜ年齢を知らせるような特徴が発達したのでしょう？　巣を集団で防衛する以上、個体の戦闘能力は、ペアでナワバリを持つ種ほど重要ではなさそうです。いってみれば集団安全保障条約が結ばれているわけですから。となると、メスにとっては相手が経験の浅い若造であっても、あまり関係ないのでは？

したたかな戦略

ですが、ミヤマガラスではもう一つ、面白い事実が明らかになっています。親鳥とヒナの血縁を調べると、ヒナの20％くらいは、ペアのオスの遺伝子と一致しないのです。一挙に浮気疑惑が浮上してきました。

実際に観察した結果からも、ミヤマガラスはＥＰＣ（Extra Pair Copulation：ペア外交尾）が多いことがわかっています。ＥＰＣは鳥類一般に決して少なくはないのですが、厳重なナワバリ制を持った鳥と比べれば、ミヤマガラスは多いほうです。集団繁殖しているということは、すぐ近くに他の個体がいるということで、いくらでもチャンスはあるのです。観察によると、オスはしばしば、抱卵中のメスのいる巣に向かって上空から舞い降り、交尾しようとするとのこと。メスはこれに対して羽毛を膨らませたり、声を上げたりして「あっちへ行け」と追い払います。追い払えば立ち去るので、強制的に交尾することはありません。

だいたい、鳥の場合、総排泄口（哺乳類以外の脊椎動物の場合、排泄物も精液も卵もすべて出口が同じなので、こう呼びます）を接触させて交尾するため、メスの協力がないと交尾は極めて難しくなります。普通に交尾しているときでも、立ったまま姿勢を低くして尾を上げたメスの背中にオスが乗って、ずり落ちそうになりながら交尾しているくらいです。もしメスが断固として交尾を拒むのであれば、座り込んでしまえば交尾できません。* ということは、EPCが成功しているなら、メス側にもメリットがあってオスを受け入れている可能性を考える必要があります。

実際、どんなオスでもEPCに成功しているわけではありません。年をとった、地位の高いオスのほうが、成功率が高いことがわかっています。年をとっていると

いうことは、さまざまな危険をくぐり抜けて生き延びたという証拠ですから、高い実力の持ち主であることを示唆します。地位が高いのも同じです。こういった実力が遺伝的な基盤を持つなら、メスにとってメリットがあります。よい遺伝子を持ったオスと交尾してよい遺伝子を残すことができれば、自分の子孫たちの繁栄が期待できるわけです。

もちろん、生存率や地位は、すべてが遺伝的に決まるわけではありません。受精卵からヒナになるまでの胚発生の段階ですら、発生時の条件に応じて、遺伝子にメチル基が付加されるなどの修飾が付け加わります（その結果、遺伝子の読み取られ方が変わります）。さらに、孵化してからの栄養条件や成長過程、経験や学習などによって、個体の運命は変わります。もっと言えば、運次第という部分だってあるのです。ですが、とりあえず「成功している個体だからよい資質の持ち主なのだろ

＊　ただし、カモのようにオスのハラスメントがあまりに激しい場合は、ちょっと違う解釈もあります（後述）。

う」と判断するのは、そんなに間違いではありません。相手の能力や遺伝子を詳しく検査し、何年も観察して判断するような手間はかけていられないからです。まあ、少なくともダメダメな相手ではない可能性は高いでしょう。

こうなると、ミヤマガラスのメスの戦略はずいぶん、したたかなものだとわかります。もちろん、地位の高い、デキるオスとペアになるのが一番なのですが、そうもいかない場合、とりあえずオスを捉まえて営巣し、ヒナを育てる助っ人に採用します。ミヤマガラスは集団営巣なので、オスがちょっとくらいダメな奴でも、それで繁殖に失敗するとは限りません。一方、地位の高いオスが言い寄ってくれば拒まずに交尾し、質の高い遺伝子だけはもらっておきます。こうして、自身の遺伝子を確実に後世に残そうとしているのでしょう。ペアのオスをだまくらかすことになりますが、おそらく、動物にはそういった罪悪感はないでしょう。

一方、オスの側からしても、交尾するだけで自分の子孫を残してくれるなら、万々歳です。子育ての手間は全部、向こうもち。自分は自分で、ペアのメスと一緒に子育てをしていればいいのです。

一番割りを食っているのは、EPCが成功しない程度の、今ひとつ冴えないオ

スということになります。他のメスとの交尾も成功しないうえ、自分の巣にいるヒナが、果たして本当に自分の血を引いているかどうかわからないわけですから。ですが、「引いているかもしれない」というのがくせ者です。血縁がある可能性ゆえに、オスは子育てを放棄できません。このように、生物の繁殖戦略は何ともややこしい……見ようによってはえげつない……利害関係の上に成立しています。

もっとも、若鳥と大人の間で能力や性能に差がない、というのは、言いすぎだと思います。やはり、彼らはスペックも違えば、群れの中での地位や力関係も違うと考えるほうが正しいでしょう。でないと、若鳥と成鳥で外観が違う理由がありません。

これはまだ仮説ですが、若い個体は採餌が下手、あるいは、よい餌場から閉め出されているために、採餌に時間がかかる可能性があります。日本に来るミヤマガラスを観察していると、夕方には成鳥を見かけない気がするのです。最初は気づきませんでしたが、一緒にカラスを研究している森下英美子さんとミヤマガラスを眺めているときにそう言われて、なるほどそうかもしれない、と思いました。遅い時間に採餌しているのは若鳥が多く、群れの大半が若鳥で占められていることさえあります。この理由はまだわかりませんが、成鳥は早々と採餌を完了してねぐらに戻ってしまい、まだ空腹な若鳥がいつまでも採餌しているのだと考えれば、つじつまは合います。

また、ミヤマガラスはしばしば、ペアの相手を失います。理由は狩猟や有害鳥獣駆除、あるいは猛禽などによる捕食です。こういうとき、独身に戻った個体はルッカリーで相手を探します。このときにメスはペア相手を得られないことがあり、ときには、あぶれたメスが他のペアに入り込んで、一夫二妻も見られることが知られています。こういった「再婚のためのお見合い」という状況ならば、「自分は経験を積んだ大人である」と示すことは有利になるでしょう。

もしミヤマガラスを観察することがあれば、こういう点にも注意すると、ちょっと面白いことがわかるかもしれません。

結論から言えば、ミヤマガラスの若鳥は成鳥との競争にさらされないよう、外見を変えることで「ボク若造なので」と言い訳しておき、1年たてば一応は「オトナ」の仲間入りを果たして、ペアを獲得しようとするのでしょう。メスとしてはよ

り質の高いオスとペアになるのがよいので、当然、「クチバシの黒い」若造には見向きもしないでしょう。仮によいオスとペアになれなくても、まだEPCというチャンスがあります。ペアのオスが少しくらい頼りなくとも、少なくとも外敵に対する防御は、集団繁殖している限りそれほど差が出ません。

また、その集団繁殖のせいで、EPCはより現実的な繁殖戦略になっている、ということでしょう。

ニシコクマルガラスの求愛

コクマルガラスの繁殖についてはあまり研究がないのですが、ヨーロッパに分布する近縁種であるニシコクマルガラスについては、よく調べられています。

ニシコクマルガラスも大人になると首筋の淡色部がはっきりしてきます。特にオスは白色の羽毛が生え、くっきりと目立つようになります。

コンラート・ローレンツの研究によると、ニシコクマルガラスのオスは実際に繁殖するよりもずっと早く、営巣場所（に類するもの）を占有し、メスを誘います。彼らも集団繁殖で、ペアごとの明確なナワバリを持たないので、擬似的にでも繁殖を始められるような状態でメスを誘うのでしょう。レンガが1個抜けた跡のような、ほんの小さな窪みでも構いません。それらしい場所ならいいようです。私も、スウェーデンに行ったとき、9月だというのに教会のレンガ壁に巣穴を確保し、メスを連れてきているニシコクマルガラスを見かけたことがあります。

ニシコクマルガラスは樹上でも営巣しますが、樹洞や崖の窪みなどを利用することが多いらしく、人工物にも盛んに営巣します。特に、教会の聖堂など、大きな建物が大好きです。石やレンガの抜けた穴があると、そこに営巣します。彼らにとって、巨大な建築物は岩山そのものなのでしょう。

ローレンツの観察で非常に面白いのは、求愛の様子です。オスはメスに対し、営巣場所を提供するだけでなく、首を伸ばしてアピールします。メスはこれに対して頭を下げた姿勢をとり、受け入れを示します。

例えばローレンツの観察していたブラウゲルプ（青黄・足環の色の組み合わせが名前になっています）という2番目に強いオスは、ロートゲルプ（赤黄）という優位なメスに惹かれつつもフラれ（ロートゲルプの心を射止めたのは最も優位なオス、ゲルプグリューン（黄緑）でした）、別のメスであるレヒトロート（右赤）とペア

になりました。ところが、ブラウゲルプはリンクスグリューン（左緑）という劣位の、しかし情熱的な若いメスにしつこく求愛されます。最初は相手にしなかったブラウゲルプですが、次第にリンクスグリューンの求愛を受け入れるようになります。そしてある日、ついにブラウゲルプはコロニーを捨て、リンクスグリューンと共に姿を消してしまったと書いています。

一方、最優位のメスであったロートゲルプは後に独身になり、コロニー最年長にして最高順位の、いわばコロニーの「女王」になっていました。ところが数年後、リングのない立派なオスがコロニーにやってきました。途端に「女王」ロートゲルプはそのオスに寄り添い、ペアになってしまったとのこと。このオスはためらわずに飼育小屋の中に入ってきたので、ローレンツは「確証はないが、昔の夫、ゲルプグリューンだったのではないか」と書いています。リングは外れてしまったのでしょう。

こんな具合に、コロニー繁殖するカラスたちのペア関係はなかなか興味深く、かつ忙しいもののようです。残念ながら明確なナワバリを持った日本のカラスは、飼育下で間近に関係性を見るのが難しく、ペアのメイティングの過程はここまでドラマティックにはわかっていません。

カラスの進化の話

ところで、コクマルガラスとニシコクマルガラスは非常に近縁な種類で、遺伝的にも極めて近いことがわかっています。おそらく、ユーラシアの西と東で個体群が分かれ、別種に進化したのでしょう。なお、この2種は最近、*Corvus* 属ではなく *Coloeus* 属に分類が変わってしまいました。つまり、カラス科ではあるがカラス属ではなくなってしまったのです。ということは、ホシガラスやオナガと同じく、狭義のカラスではない、ということになります。今のところ便宜的にカラスの一部として扱っておきますが、他のカラス属とは少しだけ縁遠い種、ということです。

ミヤマガラス、ハシボソガラスも大陸の西と東で遺伝的にグループが分かれることがわかっています。今のところお互いに別の繁殖集団というほどではないかもしれませんが、あるいは今後、これらの種もニシミヤマガラス、ミヤマガラスというように分離されるかもしれません。

◎愛されすぎたアイドル

カワセミ

Alced atthis

全長18センチメートル。水中に飛び込んで魚を捕食する美しい鳥。あまりにも有名、とも言える。

派手なのに、目を凝らさないと見つけられない鳥

カワセミ。漢字では翡翠と書きます。宝石のヒスイです。その名の通り、青と緑に輝くたいへん美しい羽色をしています。お腹はオレンジ色と、日本の鳥にしては驚くほど派手な配色と言えるでしょう。

特徴的なのは長いクチバシで、これは小魚を捕らえるためです。カワセミは魚食性で、枝に止まって、あるいは空中でホバリングした状態から水中に飛び込んで、魚を捕まえます。なお、下クチバシが赤いほうがメスです。オスは上下とも黒色です。

非常にきれいで、写真を見る機会も多い鳥ですが、実際に見ると、思ったより小さいことに驚くかもしれません。カワセミの全長は17センチほどありますが、クチバシが大きいことを考えれば、体そのものはせいぜいスズメ程度です。また、スズメほど気楽に人の近くに来る鳥ではないので、野外で見つけるのもスズメほど楽ではありません。派手な色とはいえ、「そこにいる」と思って目を凝らさないと、肉眼で確認するのは難しいでしょう（光線の具合によっては「枯れ草の中になんだか青く見える、あれは何だろう?」と気づくことも、ないわけではありませんが）。

カワセミがいるのに気づくのは、たいていは目の前を飛ぶ姿か、鳴き声です。カ

ワセミは水の上を高速で一直線に飛ぶので、川面を横切る姿を目にすることがしばしばあります。青いきらめきが見えたらほぼ間違いなくカワセミなので、見失わないよう目で追いかけていれば、水面に張り出した枝の上にでもチョンと止まるのがわかるでしょう。たぶん、しばらくそこに止まっているので、双眼鏡でも望遠鏡でも向けてじっくり観察できます。

もう一つは鳴き声。飛ぶときに鳴いていることが多いのですが、オンボロ自転車のブレーキの音にそっくりな、「キーッキッキッキッキッキ」という声です。昔、探鳥会の手伝いで川辺に行ったところ、まさにこの声が聞こえて、リーダーが「カワセミ！」と叫んだことがあります。みんなであたりを見回したら、川の向こうの坂道をママチャリがブレーキ音を響かせながら下りてきたのでした。その10分ほど後、またキーキーいうので「どうせ自転車だろう」とぼんやりしていたら、今度は本当にカワセミが飛んでいきました。じつにややこしい話です。

水辺のスナイパー

カワセミは、枝のような止まっていられる場所から魚をめがけて飛び込むのが基本です。枝だけでなく、石の上などでも構いません。狙いたい場所に適当な足場がなければ、空中でホバリングを行ない、ヘリコプターのように静止した状態から水中に突っ込みます。

水中に突入した後、魚をくわえて水面から飛び立つわけですが、ちょっと問題が。カワセミは体に対して結構大きな獲物を食べています。それに、たいがいは横向きにくわえている魚をくわえ直し、頭から飲み込まないと引っかかってしまいます。

そこで、カワセミは餌を採るとどこかに止まり、上を向いて魚をくわえ直します。このときに獲物が大きくて暴れるようだと、怖い行動を見せます。魚の尾のほうをくわえ、力一杯振り回して、魚の頭を足場に叩きつけるのです。一撃では終わらず、2度、3度とやることもあります。ときには叩きすぎて魚の頭が吹っ飛んでしまうこともあるのですが、あまり気にしていない様子。

もし、風が吹いているときにカワセミを見かけたら、頭の動きに注意すると面白いことがわかります。獲物を狙っているとき、風のせいで足場が揺れても、頭だけは絶対に動きません。「いったいどうなっているんだ？」と思うくらい、完全に安定しています。理由はもちろん、頭が動いてしまうと獲物を見づらいからです。言

ってみれば、カワセミの首は手振れ防止機能つきというわけです。ちなみにハトが歩くときに首を振るのも同じ理由で、ハトは体が前に進む間も頭を空中の一点に静止させているので、結果として頭が後ろに取り残されます。それから頭をヒョイと前に出し、またそこで静止させるので、首を振って歩いているように見えるわけです。目的はカワセミと同じく、少しでも頭を安定させ、周囲をよく見るためです。

　あと、カワセミの足は枝に止まることに特化しており、地面を歩くことをあまり想定していません。実際、カワセミが地べたを「歩く」ということは、まずありません。聞いた話ですが、捕獲して手に乗せたときもペタンと腹ばいになってしまうそうで、どうも「平地に立つ」という動作が苦手なようです。骨格からして、短めの足が体の後方についており、体を立てた状態でないとバランスをとるのは難しそうに見えます。また、足指が普通の鳥と違って前2本、後ろ2本になっているのも、枝にしがみつくことを優先したためでしょう。

　なお、カワセミは「基本的に」魚食性ですが、同じく水中にいるエビやヤゴ、はてはトンボのような昆虫も、ときには食べています。属は違いますが、同じくカワセミ科であるアカショウビンは森林性で、地上にいる昆虫やトカゲ、カタツムリなどを食べています。こちらは獲物を襲ってくわえるときだけは地上に降りるタイプです。

「いて当たり前」だった鳥

カワセミはもともと、特に珍しい鳥ではなかったようです。日本の水辺には「いて当たり前」程度だったでしょう。もちろん東京のような大都市のド真ん中には少なかったでしょうが、いないわけではありませんでした。それが、東京都心から姿を消したのが、１９７０年代のことです。

この時代は高度経済成長による環境の改変と、工場排水や生活排水による水質の悪化が顕著な時期でした。カワセミに大打撃を与えたのは、餌である魚がいなくなることと、営巣できなくなることです。

河川の改修と水質の悪化はカワセミの餌を奪いました。河川の改修によって直線化された浅い河道は、カワセミの「水中に飛び込む」という採餌方法にまったく適していません。飛び込むためには水面の上に止まり木が張り出しているほうがいいし、飛び込む先にはある程度の水深が欲しいのです。カワセミは体が小さいので、

水深30センチ程度の浅い水中にでも飛び込むことができますし、ときにはもっと浅い水にも斜め方向に飛び込んで採餌することがありますが、ある程度の深さがないと、やりにくいのはたしかでしょう。ちなみに、より大型のカワセミの一種であるヤマセミはかなりの深さがないと採餌ができないため、ある程度大きな河川やダム湖のような場所でないと生息できないことがわかっています。都市河川でも堰堤《えんてい》の上下なら多少、水深が増えますが、「そこでしか餌が採れない」ということになってしまいます。

また、水質が悪いと住める魚の種類が限られ、数も少なくなります。汚染物質や溶存酸素量の低下に弱い魚種は、都市河川には住めなくなりました。河川の改修自体も、魚種に影響します。植物や石の隙間などに住んでいた魚は、コンクリートで固められた水域には住みにくいからです。また、堰堤があると魚の遡上を妨げます。

結局、都市河川に間違いなく住めるのはコイ、フナ、オイカワといったあたりになってしまいました。コイ、フナは止水にも住みますから、酸欠にも強い魚です。オイカワは浅い流れの中を泳ぎ回ることが多いので、コンクリートで固めた浅くてフラットな流れも、それほど嫌いではありません。ですが、汚染が最悪だった時期には、こういった魚さえも数を減らしてしまい、カワセミの餌が激減したのでしょう。

清流の宝石？

排水の規制などにより、水質汚染がひどかった時代が過ぎ、１９８０年代に入って、東京23区内でもカワセミの観察例が増えてきました。国立科学博物館附属自然教育園や皇居にはカワセミがいますし、多摩川や荒川沿いにもカワセミが戻っています。それどころか、都内の小さな河川や、公園の池にもカワセミはしばしば姿を見せています。「清流の宝石」カワセミが戻ったことは、都心の自然が回復していることの象徴なのです！ ……という論調をしばしば見ますが、まあ、間違いではないにしても、ちょっと注意が必要です。

まず、カワセミは魚さえいれば生きてゆくことができます。その魚が別にフナでもコイでもボラでも、なんならブラックバスでも、飲み込めさえすればこだわりません。そして、私の感覚では、フナやコイは清流の魚ではない……というか、フナやコイさえ住めないようではもう川として終わっている……のです（余談になりますが、某地方自治体の議会議員選挙の候補者が選挙ポスターに掲げていたスローガ

ンの一つが「コイやフナの住める美しい川を！」だったので、ポスターの前で脱力したことがありました）。都心の河川はまだまだ清流とは呼べないでしょうが、カワセミの餌になる小魚さえも住めないような最悪の状況は脱した、という程度に考えたほうがいいでしょう。

そもそも、カワセミは必ずしも「清流の」鳥というわけではありません。私の実家の裏の溜池にも住み着いていましたし、東京拘置所の真ん前の、淀んだ古隅田川にもカワセミはいます。神田川で見かけたこともあります。カワセミは美しい鳥ですが、別に水が濁っていても淀んでいてもいいのです。ついでに言うと、透明な水を美しいと感じるのはまあいいとして、濁り水を「汚くて悪いもの」と思い込むのは人間の悪い癖です。人間が飲むには適していませんが、魚は普通にそこに住んでいるわけですし、濁りの理由も懸濁した有機物やプランクトン、つまり栄養の豊富さゆえということも多いのですから。

ということで、その美しさや、一時期の希少性からカワセミを愛するのはいいのですが、「清流の宝石」までいくと言いすぎというか、カワセミという鳥の実態から離れて偶像化されているような気配も、ちょっと感じるのです。

都心のカワセミの住宅事情

さて、皇居や自然教育園では、カワセミの繁殖生態が調査されています。これをよく見ると、都心部でのカワセミの苦労が見えてきます。おそらく、カワセミの生息場所を制限しているのは、餌よりもこっち。営巣環境なのです。

カワセミは土質の崖に横穴を掘って営巣します。赤土のような、粘土質で崩れにくいところが最適です。樹洞性鳥類のように、自然にできた空間を利用するのではなく、キツツキと同じく、自分で穴を掘ります。

最初は崖に向かって突進し、ガツンとクチバシをぶつけて突き崩すという荒っぽいことをやりますが、すぐに穴の縁に止まってコツコツとつつくようになります。空中を突進して頭から突っ込んでも無事、というのは驚異的で、大概の鳥は窓ガラスに激突すると骨折してしまうのですが……。とにかく、こうやって30センチから、ときには1メートルくらいの深さを持った横穴を作ります。この中で産卵し、子育てするわけです。

本来、水辺と崖は切り離せないものでした。河川とは蛇行しているものであり、川がカーブする外側は常に水が激しくぶつかり、岸を削り落としてしまうからです。

こういうところは崖になります。ですから、カワセミはどこにでも営巣場所を見つけられたはずです。もちろん岩ばかりだったり、砂っぽかったりすると営巣できませんが、少し探せば適当な場所はあったでしょう。

かわいらしい姿からは想像がつかない、
カワセミの営巣方法

ですが、現在は護岸されずに土がむき出しになった河岸は少なくなっています。特に、市街地においてはほぼ見ることができません。市街地では、河川の流域をむやみに広く取ることは難しいのです。広い土地を用意して川を自由に蛇行させるより、なるべく堤外地（河川工学の用語では、堤防で仕切られ、川の流れている側が「堤外」です）を狭め、人間が活用できる土地を増やしたいからです。となると、何らかのかたちで護岸を行ない、河川の過剰な蛇行や浸食を抑えなくてはなりません。これが、同時に、カワセミの営巣場所をなくすことになっています。

ですが、カワセミも負けてはいません。

現在、都市部のカワセミの巣は川沿いにあるとは限りません。川から少し離れた工事現場や農地にある地面を利用していることがあります。自然教育園では採餌場所である池から100メートルほど離れた場所に営巣していたことが報告されています。私も京都市内で、池と林の中を往復しているカワセミを見たことがあります。おそらくどこかに営巣していたのでしょう。京都府南部を流れる木津川でも、適当な崖がない場合、カワセミはとんでもないところに営巣していました。水辺から100メートルは離れた竹やぶの一角にある小さな畑地の、ゴミを燃やすために掘

られた大きな穴です。1・5メートル四方、深さ1メートルくらいの四角い穴が掘ってあったのですが、この穴の壁面に、いくつかのトンネルが見られました。壁面には削った跡や爪痕が残り、糞も落ちていたので、これはカワセミの巣穴だったのでしょう。なかなかうまい場所を見つけたものだと感心もしたのですが、しかし、知らずにゴミを燃やされてしまったら大変なのではないでしょうか。小さな鳥とはいえ、卵が孵化し、さらにヒナが巣立つまでには一ヶ月くらいはかかります。

さらに、護岸に設置された排水パイプを使って営巣したという例もあることはあります。ただ、排水パイプは雨が降ると水が流れてしまうのが問題ですが。また、カワセミは一度使った巣穴を2度使うことはないので、何年かすると使えるパイプが尽きてしまう恐れがあります。

もちろん河川工学のほうも、ただ漫然とコンクリート張りしか考えていないわけではありません。矢板などを用いて水勢を抑え、土の斜面を残すという工法もありますし、カワセミが営巣できるよう穴を開けた護岸ブロックも考案されています。とはいえ、カワセミは傾斜が緩かったり、草が生い茂ったりして、外敵が登ってこられるような場所は好みません。営巣に最適なむき出しの土の崖を作るには、しばしば水流で削られるような、適当な外乱や不安定さが必要です。

残念ながら、やはりカワセミが自由に営巣できる環境は減ってしまっているでしょう。カワセミがただ生息するだけでなく、繁殖できなければ、その未来は安泰ではありません。カワセミが本当に「戻ってくる」ためには、餌よりも繁殖場所が問題となるでしょう。

無理解が生んだアイドル

さて、カワセミは非常にフォトジェニックな（写真写りのよい）鳥です。まず、きらめく緑色の羽が非常にきれいです。ホバリングや、飛沫をあげて水中に突入した瞬間、魚をくわえて飛び出してくる姿など、絵になるシーンにも事欠きません。しかも、都市部では希少性もあります。となると、多くのカメラマンが狙う被写体にもなる、ということです。

ここで少し、苦言を呈することを許していただきたいのです。もちろん野鳥写真の愛好家すべてをひっくるめて悪く言う気は毛頭ありませんが、中にはあまりに目に余る人もいるのは事実だからです。

かつて調査地で出会った2人組の話です。60代くらいでしょうか、男性2人で、望遠レンズをつけた一眼レフをぶら下げていました。持ち物はともかく、動きがどうにも素人くさいな、と思いながら調査をやって戻ってきたら、彼らはカワセミの巣のド真ん前、ほんの10メートルほどしか離れていない河原にデンと突っ立って三脚を立てていました。河原の真ん中なので、立っている姿が丸見えです。ひょっとしてカワセミですか、と聞くと「さっきから待っているが戻ってこない」とボヤかれました。それはそうでしょう。相手はペットではないのです。こんな近距離に人間が居座っていては、戻ってくるわけがありません。抱卵中だったら営巣放棄の恐れがありますし、ヒナがいる場合は給餌できなくなります。

この距離では無理ですよ、と下がるよう促したのですが、彼らは「それではうまく写らない」と不満そうでした。「こんなところでは絶対に戻ってこない。それでは営巣の妨害になる」と言うと、やっと少し離れてくれました。

それからまた調査を続けて戻ってきて、驚きました。この2人が流れを渡って、カワセミの巣のあたりによじ登っていたからです。ここは砂混じりの土質なので、崖はあまり硬く締まっていません。あまり力をかけると斜面ごと崩れる恐れがあります。

慌てて近寄ると、この2人は「棒を巣穴に突っ込んでつついてみたが手応えがない。使ってないのかな」などとうそぶきました。

さすがにこれには耳を疑いました。つついてみた、とは何事か。このときばかりはかなり強い口調で「そんなことをして卵や親鳥に被害が及んだ場合、法律に違反している。それにここは国交省の許可を得た河川生態の調査地である。調査を妨害することはやめていただきたい」と強めに言いました。調査地だからといって他人の立ち入りや行動を制限する法的根拠も権限もないのですが、「法律によって調査の邪魔が禁止されている」とは言わなかったので、まあ、ウソはついていないでしょう。とにかく、この2人組は渋々といった様子で立ち去りました。

要するに、彼らは鳥好きでもなんでもないのです。「きれいな野鳥の写真を撮影する自分」が好きなだけです。そういう人には野鳥に近づいてほしくありません。そして、こういう自称・野鳥写真愛好家が真っ先に目をつけるのが、カワセミであることも多いのです。残念ながら。

カワセミがいる「名所」には、休日ともなると望遠レンズが砲列を敷いているこ

とも珍しくありません。もちろん、鳥や人の邪魔にならないなら別にいいのですが、ちょっと異様な光景であるのはたしかです。ただでさえ鳥を見ている人には声をかけづらいものですが、殺気立って望遠レンズを覗き込む写真マニアには、さらに近づきにくいものです。また、カワセミにいい感じに止まってポーズをとってもらうために、いろいろと工夫する人もいます。背景のいい場所を選び、カワセミの止まりやすそうな棒を立て、なんなら棒の下に水槽を置いて魚を入れておけば、それはまあ、狙ったように撮影はできるでしょう。棒があからさまにノコギリで切ってあったり、くわえている魚が金魚だったりはしますが。実際、こういった「自分の撮影場所」を作っている人は、よくいるのです。有名な場所ともなると、「止まり木」が何本も並び、ひどいときには「それは自分の棒だから勝手に撮るな」なんて馬鹿馬鹿しい揉めごとまで起きるとか。

　カワセミは、撮影することだけに必死になるようなアイドルではありません。本来はちょっとした水辺に行けばそこにいるのが当たり前な、でも美しい、見かけたらなんだか嬉しい鳥だったのです。カワセミが好きなら、何を食べているか、どこに営巣しているか、ちゃんと巣立ちビナを連れていたか、そういった点にきちんと注意を払うべきなのです。そのうえでそっと見守って、カワセミの生息場がせめて今よりも失われないようにするべきでしょう。写真を撮るなら、被写体への理解と敬意が必要だと思います。

また、「川をきれいに」といった標語と一緒に登場しがちなのも、カワセミです。それ自体はまあ目くじらを立てるものでもありませんが、しばしば、空き缶の絵などと一緒に「ゴミを捨てないで」となっているのは、ちょっと違和感があります。先ほども水がきれいか汚いか、という話題に触れましたが、少なくとも日本語としての「川をきれいに」は複数の意味を含んでいます。一つは化学的に汚染されているとか、ありえないほどの有機物を含んでいるとか、酸素量が少なすぎるとか、そういった生物の生理機能に影響のある問題。もう一つは、「見た目に汚い」という場合です。

実際のところ、カワセミをはじめ、生物の生存に影響するのは前者のほうです。有害物質が含まれている、水質が生息条件に合わない、酸素量が足りない……こういった問題は、目に見える「汚さ」と関連するとは限りません。見た目には澄んだ水であっても、魚は住めないかもしれないのです。まして、「川底に空き缶が沈んでいる」「薮が伸びている」といった、景色としての見た目レベルの話は、生物とはほぼ関係ありません。むしろ、生物の隠れ場所という意味では、空き缶があるほうが、何もないよりはマシです。薮にいたっては、ないと困る生物がいっぱいいます。カワセミだって、魚を狙うときにヨシに止まったりすることは多いのですから。残念ながら、人間が言う「きれい」な風景と、生物にとって暮らしやすい環境は、一致しないこともあるのです。個人的には、キチンと整備された庭園のようなものは「それはそれとして」楽しむものであって、裏山や小川はもっと野趣にあふれた場所であってほしいのですが。

ともかく、漠然と「川をきれいに」したところで、カワセミは戻ってなんかきません。その川の餌状況はどうなのか。カワセミが飛び込めるほどの水深はあるのか。適当な止まり場所はあるか。営巣はできるか。本気でカワセミを呼び戻す気なら、そこに注意を払う必要があります。漠然とした標語では、生態系の復元、あるいは再構築はできません。そして、そこにはきちんとした調査や裏付けが必要です。鳥や魚の生活史、地域の生態系への理解も当然、不可欠です。

ちょっと細かいことを言いすぎたかもしれませんが、採餌も営巣もできそうもない川に、カワセミを描いた標語が掲げられていると、ちょっと寂しく、ときには苛立たしく感じることもあるのです。

◎雑種の迷宮

カモ類

Anatidae

多くは冬鳥。オスメスで極端に見た目が異なるのが特徴。オスはいつもメスと一緒に仲良く泳いでいるが、じつは……。

カモたちの複雑な種事情

ここでは特定の種ではなく、カモ類についてお話ししましょう。

カモは一般的に、日本では冬鳥です。東北、北海道では繁殖している種もありますが、多くはシベリア方面で繁殖します。日本の広い範囲で繁殖しているカモ類というと、カルガモとオシドリでしょう。カルガモは水辺の草むらで繁殖します。以前、毎年のようにニュースにもなった「大手町のカルガモ一家のお引っ越し」が、それです。三井物産ビルのエントランス前で繁殖したカルガモがヒナを連れて大通りを渡り、皇居のお堀に引っ越すのですが、警官が赤灯を持って交通整理していたものでした。

ちなみに、このときに繁殖していた「カルガモ」はアヒルの混じった個体であった可能性があります。とはいえ、お引っ越ししていたのが野良アイガモだろうが野生のカルガモだろうが、それは別に大きな問題ではありません。「カワイイ」に引きずられる人間の騒ぎっぷりを揶揄したついでに「野鳥ですらなかったことに問題の根深さを感じる」と書いてあった記事も読んだことがありますが、アイガモなら勝手に車に轢《ひ》かれて死ね、というものでもないでしょう。

もともと、アヒルはマガモを飼いならしたもので、色合いや大きさがいくらか変わっているとはいえ、生物学的に言えばマガモそのものです。今もいる「青首アヒル」などは、野生のマガモそっくりの色合いをしています。当然、野生のマガモとも交雑します。

アヒルとマガモの雑種をアイガモと言いますが、アイガモ農法などの映像を見ていると、麦色の体で、顔に黒い筋が入った鳥が出てきます。マガモのメス、あるいはオスでも夏羽ならこんな感じです。カモ類の非繁殖羽はエクリプスと言いますが、エクリプスとは日食のことです。繁殖期の輝くような美しい羽と比べて、まるで日食のように地味だ、という意味でしょう。

さて、「大きな問題ではない」と書いたのは、カモとアヒル、そしてカモ同士も、その血縁関係が入り混じっている場合があるからです。

「アイガモ」の中には、クチバシの先がペンキを塗ったように黄色いものが見られます。これはマガモではなくカルガモの特徴。つまり、どこかでカルガモの血が入っているということです。マガモ×カルガモは俗にマルガモなどとも呼ばれ、生殖能力がある場合もあります。マルガモとマガモやカルガモあるいはアヒル、もしくはマルガモ同士も、ペアになることがあります。生物の「種」って何だっけ？というくらい、こんがらがっているのです。

そして、カモ類のこの無節操さは飼育下だけかというと、どうやら野生下でも、稀ではありますが、交雑が生じています。

一般に、生物種は生殖隔離が成立しており、別種とは繁殖しない／できないものです。理由はさまざまで、繁殖するときに居場所や季節が違うために出会わない、信号（鳴き声やにおいなど）や行動が違うために繁殖相手と見なされない、物理的に交尾ができない（特に昆虫では交尾器の形態が問題になる種がしばしばあります）、卵と精子の染色体が接合できない、遺伝的な問題で受精卵が発生できない、胎児と母体のサイズが違いすぎて発生や出産が困難、などの理由があります。例えば、オスのロバとメスのウマの雑種であるラバは普通に生まれますが、オスのウマとメスのロバの雑種であるケッテイは胎児が母体に対して大きくなりすぎるので、無事に出産できることは少なくなります。

では、このような種の違いは人間が見てわかるものかというと、ちょっと違いま

す。同種か別種かというのは人間側の認識の問題を含んでおり、生物側の事情と完全には一致しない場合もあるのです。

例えば、アメリカにいるマキバドリという鳥は、現在、ニシマキバドリとヒガシマキバドリの2つに分けられています。この2集団は繁殖場所が違い、交雑することがないと判明したからです。交雑することのない2集団はすでに「赤の他人」になっており、遺伝的な交流がありません。「同種とは遺伝子プールを共有する集団である」という考えに立てば、この2集団はすでに別種なのです。ですが、この2種のマキバドリは見た目にまったく区別がつかず、しかも越冬地では2集団が入り混じるために、その時期には産地でも区別できないという、バードウォッチャーにとっては困った「別種」なのです。

一方、例えばハシブトガラスは、かつて非常に多くの種に分けられていたことがあります。日本だけでも、沖縄のもの、八重山のものは別種として扱っていた時期もありました。ですが、特に九州から沖縄にかけては形態的な形質が連続的に変化しており、「ここで分かれる」という明確な地理的な断絶がなく、「この形質を見ればば間違いなく見分けられる」というポイントもありません。これを種として分けるには、産地を見るしかないのです。果たしてそれは本当に「実在する種の区分」でしょうか？　それとも、人間の視点で地図を見ながら作った区分にすぎないのでしょうか？　現在、これらのハシブトガラスはすべて同一種で、亜種が違う、と解釈されています。

このように生物分類の歴史は、細分化してはまとめ、再び別の視点から分離する、といった作業を繰り返しています。種とは決して確固たるものではないし、自明なものでもないのです。もっとも、これは「進化とは連続的なものである」ということを考えれば、当然でもあります。同一種であったものが別種に分かれてゆく過程で、「同じとは言い切れないが違うとも言えない」という段階を通るはずですから、結局は「どれくらい違えば別種と見なすか」という問題になってしまうわけですね。

さて、カモ類について言えば、彼らは鳥の中でも遺伝的に差が少ないことがわかっています。というか、遺伝子だけでは種を識別できない場合さえあるという報告まであります。

これはちょっと、驚くべきことです。我々は「見た目にわからなくても、遺伝子

は嘘をつかない」という例を見慣れています。ですが、まさか逆があったとは。もちろん遺伝子のどの部分を読むかにもよるので、すべての配列を読み切れば、それは一応わかるでしょう。ですが、普通なら識別できる程度の検査をやっても種が識別できない場合があるということは、カモ類は見た目が違うだけで、中身は予想以上に近縁である、ということになります。

これが、カモ類に野外でも雑種ができやすい理由の一つです。雑種ができるがゆえにお互いの遺伝子が伝播し、それが余計に種間の遺伝的な距離を縮めている……というのも理屈としてはあり得ますが、これをやるにはものすごい勢いで雑種を作らなければいけないので、ちょっと違うでしょう。他の鳥よりは多いとはいえ、カモ類でも雑種はやはり、稀です。「遺伝的にごく近いので、交雑すれば簡単に雑種もできちゃう」というほうだけを考えればよいでしょう。

派手なオスと地味なメスの繁殖事情

さて、遺伝的に差が少ないにもかかわらず、「見た目」という強烈な違いを発達させたカモ類ですが、見た目が明確に違うのは、繁殖羽のオスだけです。カモのメ

カモ類を比べてみた

スはどれも地味で、じっくり見ないと種がわかりません。大概の場合は近くに同種のオスがいるので見分けられますが、「メスだけが入り混じっているから見分けろ」と言われたら、嫌です。「頭を翼に埋めて寝ているから顔が見えない」なんて言われたら、泣きます。

さて、カモの繁殖には大きな特徴があります。せいぜい産卵のあたりまでオスはメスを厳重にガードするが、その後は何もしない、ということです。オスの貢献はよい遺伝子を受け渡すことと、産卵までのメスの護衛だけ。あとはすべて、メスまかせです。カモ類の中には雌雄の役割が逆転したものもありますが、これはメスが派手な羽毛でオスを誘い、オスが子育てを引き受けるというもので、「片親に丸投げ」は変わりません。

こんなことができるのは、カモ類は水の上に逃げられること、ヒナが孵化してすぐ歩けるので餌場に連れて行けること、餌が植物質なのでとりあえずヒナでも食べられること、などが理由でしょう。巣の中でずっとヒナを育てねばならず、餌も昆虫に限るなんて言われると、1羽だけで育てるのは大変です。ましてカモのようにヒナが10羽もいたら到底無理でしょう（まあ、カモの場合は保護が行き届かなくて捕食されることも織り込み済みの子だくさんなので、どちらが原因でどちらが結果かは微妙なところですが）。

こうして、子育てをメスに任せてしまった結果、オスが努力するのはメスの獲得のみです。そのために彼らは、メスに見せびらかすための華美な羽毛を発達させ、メスの前でディスプレイを繰り返して自己アピールに必死になるわけです。

さて、そういう目で冬のカモを見ていると、オスの必死さとメスの苦労がよくわかるでしょう。大阪ミナミ、道頓堀に通称「ナンパ橋」と呼ばれた橋がありました。

チャラい兄ちゃんやキャッチセールスのお兄さんがたむろしていて、女の子は三歩と歩かないうちに誰かに声をかけられる、下手すると取り囲まれて前に進めない、などという場所として有名でした。カモのメスが1羽で泳いでいようものなら、まさにそういう目にあいます。

ところが、メスの横にはぴったりとつきそうようにオスが泳いでいることがあります。オスが先行した場合も、メスは後ろをついていきます。これこそ「ナンパ橋」を無事に渡り切る秘訣です。いかにナンパ橋といえども、カップルにまで声をかけてくる無謀な奴はそうそういません。

ですが、カモの場合、隙あらば他のオスが近づいてきます。するとペアのオスはこの不届きものを追い払います。追い払っている隙に反対側から別のオスが来たりしますが、これも追い払います。オスがやっているのは、「まずは自分がメスをナンパする」「ナンパに成功したら他のオスがつきまとわないよう、ひたすらメスをガードする」という行動なのです。

もし、このようなガードがなかったら、メスはつきまとってくるオスを追い払うのに多大な時間とエネルギーを費やすことになります。こういった無法なオスども

が寄ってくることのストレスや行動の不自由も馬鹿になりません。論文でも文字通りに「ハラスメント」と表現されることがあります。その結果、メスの栄養条件や健康状態が悪化する例もあることが知られています。

カモ類が高密度になる環境の場合、雑種ができやすいことが知られています。その理由として、出会いの機会が多いだけでなく、高密度にいるオスからひっきりなしにハラスメントを受けるため、メスが仕方なくオスを受け入れている可能性が指摘されています。メスとしては不本意なオスの遺伝子を受け取ってしまうのはよくないのですが、渡りと産卵を控えた時期に体力を落とすよりはマシだ、ということでしょう。少なくとも理論的には、「イマイチなオスでも受け入れたほうが、邪魔され続けるよりもマシ」という解が存在することは、示されています（カモ類がこの場合に常に当てはまるかどうかは、まだわかりませんが）。また、鳥類のメスは交尾した後、精子を貯精嚢に貯めておくことができるので、交尾を許したからといって、必ずしも受精に使われるとは限らないかもしれません。

ただ、中央アジアのダム湖で雑種を調べた例では、雑種にはマガモやオナガガモが絡むことが多いとわかっています。この2種はカモ類の中でも大きいほうなので、他種のオスがメスを防衛していても突破してしまえるのだろう、と考えられています。となると、やはり他のオスを追い払うことができれば、受精に成功する例が増えるのだろう、とは言えそうです。

もっとも、カモのメスだって逃げ回ってばかりではありません。以前、1羽の独身のオスにつきまとわれているマガモのカップルを見たのですが、ペアのオスより先にメスが怒りだし、ものすごい勢いで独身のオスを追い散らしてしまいました。追い払われても独身のオスは戻ってくるのですが、そのたびにメスに肘鉄を喰らって追い払われます。ペアのオスは見ているばかりです。どうにも頼りないオスですが、ずいぶん強いメスもいるのだな、と思ったのを覚えています。

それにしても不思議なのはカルガモのオスです。カモ類は普通、派手なほうがオスですが、カルガモは雌雄同色で、どちらも地味です。彼らはなぜ、かくも地味なのか、さっぱりわかりません。また、カルガモのメスたちはマガモやオナガガモの美しい繁殖羽に魅了されないのか、そこも不思議でなりません。もし魅了されるなら、カルガモのオスなんて絶対にメスに相手にされず、一冬にして滅びさるのではないか、とも思うのですが……。まあ、カルガモは日本で繁殖する一方、他の美し

い羽を持った「イケメン」たちは北に渡ってしまうので、勝負する土俵が違うといえば違うわけですが。しかし、求愛する時期はばっちり重なっているのです。なんだか不思議です。

カルガモは留鳥で、ペアで仲良くしている期間が長めです。だから、毎年着飾ってメスを口説かなくてもよいのかもしれません。ガンの仲間も雌雄で色が同じで、ペアが長続きしますから、こういう場合、着飾ってメスにアピールしなくてもよい、ということはあるかも。ですが、最初にペアを作るときはどうするのでしょう？カルガモのメスは地味好きで、チャラ男は嫌いなんでしょうか？

正直に白状すると、この辺はいくら考えてもよくわかりません。誰かいい仮説を思いついてください。

鳥類学者も悩む雑種の見分け方

さて、ここで雑種の見分け方です。

と書きたいところですが、私にはさっぱりわかりません。野外で見かけた鳥はすべて種を識別したくなるものですし、珍しい雑種かもしれないと思えば、「これは

○○と△△のハイブリッドだ！」と言いたくなるのもわかります。ですが、どの掛け合わせでどういう特徴が出る、なんてのは膨大な例数を見ていないとわかりません。野外でどれだけ見ていても、混血の答え合わせができるわけでもありません。図鑑を眺めて言えるのは「これに似ているように見える」だけなのです。しかも、集団の中にはエクリプスから換羽中のオスなんてのが混じっていますから、非常に中途半端な見かけの個体もしばしばいます。

　そりゃまあ、どう見てもマガモっぽいのに、クチバシの先端が黄色ければ「あれ、こいつカルガモ入ってんじゃないか？」と思いますし、ヒドリガモの目のあたりに緑色の模様が入っていれば「アメリカヒドリが混じってるの？」と思いますが、あくまで「そう思った」レベルの話です。

　ゲシュタルト認知という、「どこで見分けているとも言えないのだが、全体としてアレに見える」という認知はたしかにあります。ですが、何だかわからない鳥を見た場合は、「何だかわからない」と言うのも大事なことでしょう。そもそも、どんな場合でも必ず客観的に識別できる！というのも人間の一つの思い込みかもしれません。「見たってわかんねえよ」としか言いようのない場合だってあるのです。

余談ですが、カモの雑種がからむ面白い例を一つ紹介しておきます。カンムリツクシガモの発見にまつわる物語です。

この鳥、世界に3体の標本しかありません。しかもオスは1体しかありません。オス・メスのペアで標本を持っているのは世界でただ一ヶ所、日本の山階鳥類研究所だけです。

この物語は、1913年に韓国の釜山《プサン》の剥製屋で、鳥類学者の黒田長禮が見慣れないカモのメスの標本を見つけたことに端を発します。黒田はこの標本を買い求め、「もしオスが手に入ったら知らせてほしい」と言いおきました。そして翌年、オスの標本も手に入りました。さてこのペア、見たこともないカモなので、本当にこれが同種のペアなのかもよくわかりません。ですが、よく調べると、江戸時代の屏風絵に描き残されていることがわかりました。「函館で港に入ってきたので捕まえて飼った」といった記録も残っています。朝鮮半島から飼い鳥として輸入されたものもあったようです。絵はばっちり、オス・メス2体の剥製の特徴と一致します。

ということは、実際に同種のペアで、オスもメスも既知のどんなカモとも一致しない……つまり知られていなかった種なのです。そういうわけで、この鳥は新種として記載され、カンムリツクシガモと名付けられました。
ですが、この鳥の最初の記載は黒田ではありませんでした。1877年にすでにメスの標本が記載されていたからです。これはロシア・ウラジオストックで採集されたもので、デンマーク・コペンハーゲンの博物館に標本が残されています。ただし、その標本はヨシガモとアカツクシガモの雑種とされていました。「見たことないが、メスだから特徴もよくわからんし、どうせ雑種だろう」で処理してしまったら、まさかの新種だった、というわけです。

増えた？ 減った？

さて、カモ類の中にも、時代とともに個体数の増減があります。例えば、近年めっきり数を減らしているのがトモエガモです。トモエガモのオスは顔にカラフルな模様があり、学名は「アナス・フォルモサ」つまり「美しいカモ」です。
一時期、非常に増えたのはヒドリガモとオナガガモです。ヒドリガモは冬の公園の常連となり、人が給餌していればどんどん上陸してくるようになりました。それを追うようにオナガガモも上陸するようになっていたのですが、最近はオナガガモ

が減り気味です。マガモ、カルガモ、コガモはいつもいるような気がします。

一時期、関西で急増したのはミコアイサというカモでした。ミコアイサはカルガモやマガモと違って潜水性のカモで、オスは白黒模様の美しい鳥です。一名をパンダガモとも言います。私がカモを見始めた高校の頃、30年あまり前にはさして見なかったと思うのですが、20年ほど前はミコアイサだらけでした。それが今はまた、あまり見られなくなっています。

かつては少なかったが、少しずつ増えているように感じるのはオカヨシガモでしょうか。もっとも、こいつはオスも非常に地味な色をしていて、そのつもりで見ていないと見逃すこともあるかもしれません。

こういった増減は日本の環境だけではなく、営巣地の環境も考えねばならず、簡単には理由がわかりません。ただ、カモは種類によって要求する環境条件が異なることが知られています。例えばキンクロハジロやスズガモは、潜水しやすい、深度の大きな水域を好みます。また、琵琶湖での水鳥の増減には水生植物の変化が影響している、という指摘もあります。こういった環境の微妙な変化が、カモ類の増減に影響しているということはあり得るでしょう。

ただ、鳥が増えた減ったというのは、かなり注意深く調べないとはっきりしないものです。私たちはつい、自分がいつも見ている場所での印象を語ってしまいますが、鳥にとっては5キロや10キロなどひとっ飛びです。極めて局地的な増減をしているだけで、全体としては変わらないかもしれません。逆に、局地的には変わらないが、全体としては急激に変化しているということもあり得ます。そのあたりはちょっと、頭に置いておいてください。

営巣場所の問題で渡来数が大きく変わった例もあります。かつて、日本にはハクガンという鳥がよく渡ってきていました。真っ白くて美しい鳥です。江戸時代の図鑑には普通に出てきますし、大名屋敷の台所跡から骨が見つかることもあり、食用にもされていたようです（だいたい白い鳥というのは格式の高いものとされ、式典などの料理に用いられたようです）。ところが、この鳥は１９４０年頃には、日本に来なくなっていました。

繁殖地であったロシア極東地域での狩猟のため、日本に来ていた個体群が壊滅したからです。ハクガンはロシアからアメリカまで分布しますから、それによってハクガンという種が激減したというわけではありません。ですが、地域的には絶滅してしまったに等しかったのです。

現在、ハクガンはごく稀に日本にやってくるだけの鳥です。ですが、狩猟が禁止され、各国が連携した保護政策が進んだことで、次第に渡来数も増える傾向にあります。2015年には東京都の荒川にもハクガンが数羽、飛来しました。日本に来るも来ないも、それは鳥のほうの事情であり、人間が勝手に「飛んできてくれ」と期待するのはハタ迷惑というものかもしれません。ですが、少なくとも来たければ来られる程度に、個体群が復活しているのは嬉しいことです。

◎洪水とともに生きる

チドリ

Charadrius sp.

全長16〜20センチメートル程度の小型の鳥。河川敷や海岸など砂礫地を住処とする。そう簡単に見つけられない巣と卵が特徴。

地面に巣をつくる鳥

私の好きな歌に「浜千鳥」という曲があります。ちょっと物悲しい歌なのですが、夜の浜辺を鋭く鳴きながら飛ぶチドリを歌ったものです。

チドリというと海辺の鳥という印象があり、それはたしかに間違っていないのですが、じつのところ、チドリは河川にも住んでいます。それも海に近いところだけでなく、河口から何十キロも遡った中・上流域にも、チドリはやってきます。

ここでは、そんなチドリの卵と巣について考えてみましょう。

チドリの巣はどこにあるでしょうか？

普通、鳥の巣といえば、木の上に枝や枯れ草で編んだお椀型のもの、と思われるかもしれません。たしかにヒヨドリやカラスの巣はそんな形です。ですが、チドリの足をよく見ると、指が3本しかありません。普通、鳥は4本指なのですが、チドリは後ろ向きの1本が退化して、痕跡程度にしか残っていないのです。この足では、枝をきちんと握ることができません。

つまり、チドリは木の上に止まれないのです。

シロチドリの巣。地面にじかに営巣している

そもそも、彼らの暮らしている海岸や河川敷には、あまり木が生えていません。せいぜい草が生えている程度でしょう。チドリはこういった場所の地上に営巣します。同じく地上営巣性でも、ヒバリなどは草の陰に巣を隠す傾向があるのですが、チドリはまったく何もない、開けた砂地に営巣することも、ごく普通にあります。

普通、鳥の巣は捕食者に見つかりにくい場所に隠されています。樹洞や岩の隙間などに営巣するのも、捕食回避が大きな理由でしょう。なのに、まったく遮るもののない、むきだしの地面に営巣しても大丈夫なのでしょうか？

チドリは2つの方法で捕食を回避しています。

一つは、卵を抱いている親鳥の背中が隠蔽効果を発揮し、非常に見つけづらいということです。チドリの背中はくすんだ茶色ですが、これは土や石によく似た色です。また、頭と胸に黒のはっきりしたラインがあり、これが輪郭のように見えて、鳥の形を分解してしまいます。そのため、立って歩いていればともかく、石の間に座り込んだチドリを発見するのは非常に難しいのです。

もう一つは、卵そのものの隠蔽性です。巣に危険が迫ると親鳥は巣を離れます。外敵がどんどん接近してきた場合、いつまでも巣に座っていると、自分を目印にして巣を探されてしまう恐れがあります。また、鳥は自分ごと捕食されるくらいなら、卵を捨てるほうを選びます。生物の戦略の基本は「自分の子孫を残すこと」ですが、抱卵中に外敵が迫った場合、じっとしていると自分と卵が両方とも食べられる恐れがあり、そうなったら元も子もないからです。卵を見捨てて逃げれば、少なくとも自分は生き残るので、次の繁殖には成功するかもしれません。

さて、親が離れてしまうと、頼みは卵の隠蔽効果だけです。ところが、これが恐

チドリ3種の卵。左からコチドリ、イカルチドリ、シロチドリ

ろしく行き届いているために、そう簡単には見つからないのです。多分、チドリの巣を探したことがない人なら、足下にあっても気づかないでしょう。私も見つけるのにだいぶ苦労しましたし、「このあたりにある」とわかっていてもなお、見つけるのに10分くらいかかることもありました。ベテランの研究者（チドリの、ではありませんが、鳥類の研究では大ベテランです）でさえ、写真を撮ろうとしてカメラを出し、レンズキャップを外すために目を離したら、もう見えなくなったと言っていました。

実際のところ、チドリの巣にばったり出会う、なんてことはめったにないのです（もし横を通っても多分、気づきません）。巣を探すときは親鳥に注目し、卵を抱きに戻るまでじっと観察し続けます。砂礫に紛れて見えなくなりそうなチドリを望遠鏡で見続けていると、やがて、そっと周囲をうかがいながら水際を離れ、内陸へ走りだします。ときどき足を止めて座りますが、警戒して伏せただけで、巣ではないこともしばしばです。本当の巣にたどり着くと、足を広げて巣をまたぎ、腹の羽毛を膨らませて、卵にかぶせるように体を揺すりながら座り込みます。チドリは雌雄が交代で卵を抱きますが、1羽が帰ってくるのを見つけると、卵を抱いていた個体はそっと立ち上がって巣を離れ、餌を取りに行ってしまいます。巣の近くで2羽が出会うというような、目立つ行動はほとんどありません。親鳥の行動もまた、巣の位置の秘匿を徹底しているのです。

それでも、私が調査していた場所でのチドリの卵の孵化率は極めて低く、年によっては2割程度でした。ここまで注意しても、カラス、ヘビ、タヌキ、イタチなどに食べられてしまうわけです。もちろん状況によって孵化率は違い、もっと高いのが普通なのですが、それでもチドリの営巣が決して楽なものではないこと、もし隠蔽効果が低ければ、あっという間に全滅してしまうだろうことがわかります。

卵を隠すなら砂や小石の中

さて、チドリの卵はなぜ、そんなに見つからないのでしょう?

チドリの巣は地面をわずかに窪ませただけで、明確に巣だとわかる構造がありません。ですから、パッと見て「これが巣だ」とわかる目印が何もないのです。

次に、卵そのものの色模様。チドリ類の卵は一般的に、淡青灰色～淡褐色で、濃色の斑点があります。卵だけを見るとそれほど特殊な卵だとは思いませんが、地面に置いた途端に、この色模様は恐ろしいほどの隠蔽効果を発揮し、背景に溶け込んで見えなくなってしまいます。この「見えなさ」というものを、少し科学的な目で考えてみましょう。

見えないといっても、卵は透明になってしまうわけではありませんから、視野には入っているのです。ただ、注意すべき対象として気づいていない、という状態です。我々の視野には常にさまざまなものが含まれているので、そのすべてを同時に認識しているということはあり得ません。

さて、我々が視界の中から何かを探そうとするとき、視覚は何かを手がかりに、「意味のある形」を見つけ出そうとしています。例えば、ヒトは逆三角形に並んだ3つの点を自動的に「人間の顔」と認識して目を止めます。これをシミュラクラ現象と言いますが、ヒトは常に人間の顔に注意しているがゆえに、脳は「目が2つ、

その下に口」という特徴を外界から見つけ出そうとしている、ということです。
　ですが、もし、まったく同じような刺激がどこまでも並んでいたらどうなるでしょうか？　脳はその刺激を背景と認識し、「もはや注意すべきものではない」と見なします。では、その中に、背景とよく似た何かを混ぜ込んだら？　例えば、このような間違い探しを見たことはありませんか？

大大
大大
大大
大大大大大大大大犬大大大大大大大大大大大大大大大大大大大大大大大大大大大大大大大大大
大大
大大
大大
大太大大
大大

右から4行目の上から9文字目と、左から2行目の上から2文字目に注意してください。このようなごまかしは、当然、混ぜ込まれた文字が周囲に似ているほど有効です。また、文字数が多いほど効果的になります。どこを見ればよいかもわからないし、端から全部見ていたら飽きてしまうからです。

これが、チドリが卵を隠す方法の基本です。何の手がかりもない、圧倒的な広さの砂礫地のどこかに巣がある、地面をしらみつぶしに見ていけば見つかる、と言われても、それだけでは探しようもないし、探す気にもなれないでしょう。

三者三様の巣と卵

さて、日本でよく繁殖しているチドリ（*Charadrius*属）は3種います。イカルチドリ、コチドリ、シロチドリです。イカルチドリは河川の上流から中流に多い種です。コチドリはイカルチドリによく似ていますがちょっと小さく、河川の中流から下流、海岸まで生息します。内陸の造成地にやってくることもあります。そして、シロチドリは主に海岸性で、河川にはあまりいません。シロチドリは他の2種とちょっと色合いが違い、オスは全体に白っぽくて、目元にシャープな黒いラインの入ったき

れいな鳥です。メスは全体が白と褐色で、はっきりしない色合いをしています。

さて、この3種ですが、住んでいる場所が違うだけでなく、営巣環境も少し違っています。もちろん、別の場所にいるのだからそもそも環境が違う、ということもあるでしょう。ですが、同じ場所にいるときでも、3種の産卵する環境はやはり違うのです。これは、種によって営巣場所の選好性が違うのではないか、と考えることができます。

私たちが調査した木津川中流域は、コチドリとイカルチドリに加え、シロチドリも営巣に来る珍しい場所でした。シロチドリの内陸での営巣は稀にありますが、一般的ではありません。また、何年か営巣すると消滅するようで、長い間安定して繁殖するわけではないようです。

チドリの巣を探しているうちに「ここはコチドリがいそうな場所だな」「ここはイカルチドリならいるだろうな」「シロチドリならここじゃないだろう」などという印象を持つようになったので、はて、自分はいったい、何を手がかりにしているのだろうと自問してみました。ちょうど同じ頃に、指導教官だった教授も同じことを考えておられたのですが、2人ともが気づいたのは、「地面の石の大きさが違う」ことでした。コチドリがいる場所は、小石と砂が混じっているのです。一方、イカルチドリのいる場所はもっと石が大きく、礫のガラガラしたところです。砂があったとしても、礫を埋め込んでカラカラに乾いたような、印象としては「大きな石のあるところ」という場所です。さらに、シロチドリの巣はまったく違い、石のほとんどない、砂中心の場所に産卵しているのでした。

これは彼らの生息場所を考えると、当然かもしれません。河川の上流と下流では、河川敷の様子がまったく違うからです。河川の上流は流れが速いので砂礫を押し流す力（掃流力）が強く、大きな礫しか堆積できません。中流、下流と進むに従って掃流力は弱くなり、より小さな砂礫も堆積するようになります。さらに海まで下ると、流れの中で砕かれた細かい砂が打ち寄せられ、広大な砂浜を作り上げます。よって、最も上流まで生息するイカルチドリが大きめの礫を、中流域を中心とするコチドリがもう少し小さな礫と砂の混じるところを、海岸性のシロチドリが砂を、それぞれ選好するのは、理にかなっています。

かなってはいるのですが、ここでさらに、卵を眺めてみましょう。3種は卵の模様が

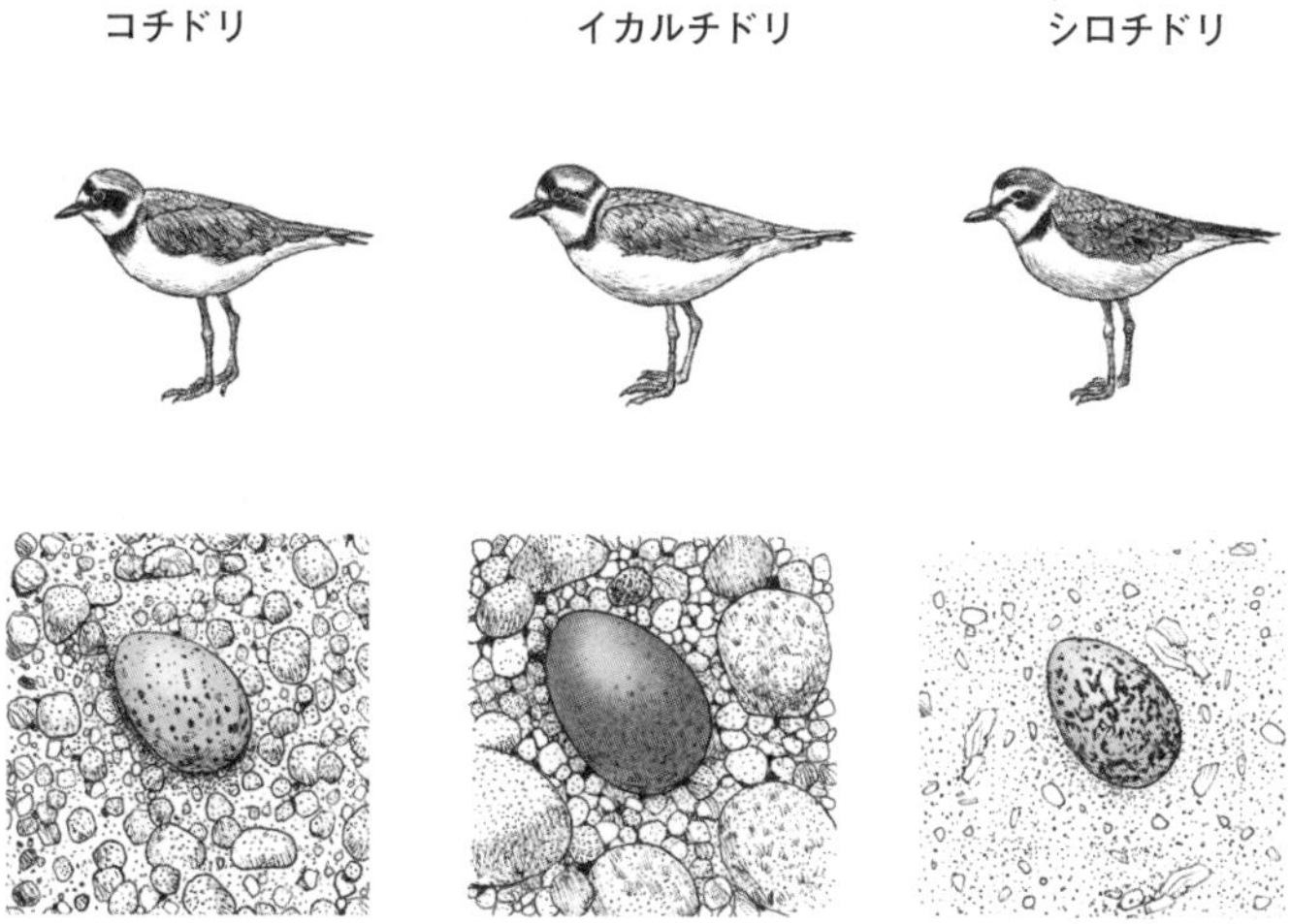

チドリ3種と、その卵を比べてみた

様も違うのです。

イカルチドリの卵は最も大きく、細かくて薄い色の斑点が散らばっています。よく見ると一様に斑点があるのではなく、尖端側は斑点が少ないのもわかります。少し離れると、斑点というよりボカシ模様のようでもあります。

コチドリの卵は少し小さくて、もっと明確な斑点があります。卵と地色と斑点のコントラストも大きい感じがします。実際、写真にとってパソコン上で画像処理ソフトを用いて2値化（モノクロ化）して比べてみると、斑点と地色の明度差が大きい

シロチドリの巣にイカルチドリの卵を置いてみた（パソコン上で）

のがわかります。

そして、シロチドリの卵は中くらいの大きさで、明らかに斑点がはっきりしています。地色は薄めで、真っ黒に近い、はっきりした大きな斑点がたくさん散らばっています。また、斑点の形がやや細長いのも特徴です。地色と斑点の明度差は3種のなかで最大です。

さて、これはどういうことでしょう。もし彼らが産卵する環境を間違い、本来は産卵しないところに産んでしまったら、どうなるのでしょうか？

そこで、画像処理ソフトで遊んで

みることにしました。典型的なシロチドリの巣とイカルチドリの巣を撮影した写真を用意し、画面上で卵を入れ替えてみたのです。

結果、シロチドリの卵は礫の中でも大丈夫そうでしたが、砂の上に置いたイカルチドリの卵は丸見えになってしまいました。面白いので、砂礫地の写真を何枚も撮影し、そこに3種の卵を「置いてみる」という実験を、パソコン上でやってみました。すると、何度やっても、イカルチドリの卵を砂地に置くと丸見えなのです。礫があると急に見えなくなり、どこにあるかわかりません。シロチドリの卵は本来の営巣場所である砂地で完璧な隠蔽効果を発揮しますが、礫があっても、まあそれなりに効果があります。コチドリの卵は両者の中間で、砂ばかりでも、大きな礫の中でもそこそこ隠蔽効果があり、砂と小さな石が混じっていれば最適、という印象でした。

たくさんの被験者に画面上で卵を探してもらい、発見までの時間を比較すればもっと定量的に示せるでしょうが、視覚を使う捕食者として最も恐ろしいのはカラスとカモメのはずなので、そこまではやりませんでした。鳥とヒトでは紫外線に対する感受性など視覚がかなり違っており、ヒトの目で代用するのはあまり適切でないからです。逆に普通の哺乳類は嗅覚で嗅ぎつけてくる可能性が高く、色覚もヒトとはかなり違うので、これまたヒトの感覚はモデルとしてあまりよくありません。

わからぬなら調べてみようチドリ類

ですが、「これは背景によって見え方が全然違うぞ」という確信は得られたので、その「背景」はいったい何がどう違うのか、調べてみることにしました。つまり、漠然と「こういうのがイカルチドリの好きなところ」と呼んでいる条件を、ちゃんと定量的に示そうということです。

そのための手法の開発には、名古屋大学の鷲見先生など、河川工学の先生にも協力してもらいましたが、要するに「表面に見えている砂礫の粒の大きさを計ればいいのではないか」という結論になりました。河川工学ならば、現場の砂礫を採取し、篩《ふるい》にかけて選り分け、「粒径3ミリ以下のものが重量比30％、3ミリから10ミリが45％、10ミリから30ミリが15％、30ミリ以上が10％」などと表現します。ですが、これを試してみたところ、あまりよくないことがわかりました。アーマー効果と言って、表面の一層だけが粗い礫で、その下の細かい砂礫を抑え込んでいる場合があ

るのです。これでは表面に見えていない細かい砂がとても多い、という結果になってしまいます。河川工学ではこんな「上っ面の見た目だけを計りたい」という項目がなかったそうで、かなり悩ませてしまったのですが、最終的にたどり着いたのは「写真を撮ってグリッドを作り、その交点にある砂礫を計る」「砂礫サイズのクラス分けを行ない、その場でエイヤっと見た目だけで判断する」の2つの方法です。最初の方法はなかなか正確なのですが、「巣を中心とする60センチ四方に、実寸で5センチ刻みのグリッドを切り、168ヶ所（13×13で169交点ありますが、一つは巣そのものなので計れません）の砂礫を計測する」というのはじつに面倒な作業でした。ちなみに、砂礫サイズは「もっとも長い径と、それに直交する径の平均値」としたので、168ヶ所を計測するためにノギスを336回当てることになります。

ちなみに60センチ四方としたのも理由があります。最初、いくつかの巣で、計測する範囲を周囲1メートルまで拡大しながら、得られる結果を比較してみたのです。砂礫サイズの最大・最小・平均値は最初のうちは大きく変動しましたが、50センチから60センチまで拡大すると、ほぼ結果が変わらなくなることがわかりました。そ

のため、60センチまで計ればよいと判断したわけです。もちろん、これは砂礫サイズの分布によりますから、調査場所によって違うでしょう。私が調査した場所ではそうだった、というだけです。

さて、この方法で確かめると、たしかにイカルチドリ、コチドリ、シロチドリの営巣場所の砂礫サイズには差があることがわかりました。平均値で見てもそうですし、砂礫サイズの分布を見ても、大きな礫と砂が多いイカルチドリ、さまざまな大きさの礫が混じるコチドリ、圧倒的に砂に偏るシロチドリ、という結果です。

ですが、もう一つ考えなければいけないことがありました。彼らは果たして、そのような場所に好んで営巣しているのでしょうか？　それとも、例えば調査地には砂地が多くて、「まったく選ばずに適当に卵を産めば大抵は砂地」といった理由にすぎないのでしょうか？　もちろん3種の産卵する環境が違うので、3種ともが適当に産んでいるということはなさそうですが、砂州全体の環境というものを、卵を産もうとしているチドリの目で見てみないと落ち着きません。つまり、砂州全体の砂礫サイズの分布を知りたい、ということです。

これはちょっと、無茶な要求でした。砂州は幅３００メートル、長さ７００メー

トルもあるのです。植生に覆われた箇所も多いのですべてが砂ではありませんが、例えばこの砂州の全域を5メートルメッシュで区切り、5×5メートルを1区画としてその中心の砂礫の状態を代表値とし、すべて写真にとって計測して……。

そんなもの、私が大学院にいる間に数え終わるわけがありません。自動化できない？　と言われましたが、画面上で砂礫を自動的に計測するシステムを開発するのに同じくらい時間がかかりそうです。

そこで、工学的には前代未聞の、「砂か、小さい礫か、大きい礫か」という3分割を見た目だけで判断するという暴挙に出ました。実際には写真記録と付き合わせて「ちゃんと見分けられている」と確かめてからのことですが。砂礫サイズは粒径5ミリ以下ならクラス1、5ミリから30ミリならクラス2、30ミリ以上ならクラス3とし、混ざっている場合は1＋2、2＋3、1＋3という混合クラスとして表現しました。1＋3というのは不思議かもしれませんが、大きめの礫が溜まったところに風で砂が溜まったとか、アーマー効果で砂が抑えられているとか、そういう場合にはできることがあります。

かくして、私は助っ人の学生と共に地図を持って砂州を歩き回り、「こっちはクラス2だけど、ここからはクラス2＋3だな」などとフリーハンドで境界線を描き込んで、前代未聞の「砂礫図」というものを作成したのでした。この、手描きのへニョヘニョの図は、鷲見先生らがラジコンヘリを用いた空撮画像と付き合わせて歪みを修正してもらったので（光線の状態がよければ、空撮写真でも「ここで砂礫の感じが変わってるな」といった情報は読み取れます。ただ、その砂礫のサイズがどうなのか、という情報は、地上での調査が必要です）、報告書にも載せられる図として完成を見ました。

さて、こうやって調べてみると、どのチドリの営巣場所の分布も、砂礫サイズに偏りがあることがわかりました。やはりチドリは好き好んで「そのような環境」に営巣しているのです。サイズクラスで言えば、イカルチドリはクラス3を含む場所が好きで、ほとんどはクラス2＋3かクラス3への営巣でした。コチドリはクラス2＋3が一番好きですが、クラス1つまり砂が混じってもいいという結果になりました（実際にはかなり幅広く、クラス1＋2からクラス3まで営巣例があります）。コチドリはクラス3の大きな礫のあるところには産卵せず、クラス1か1＋2、つまり砂だけか、小さな礫の混じる砂が好きだとわかりました。

放射状に並ぶイカルチドリの卵

これでチドリの営巣環境は定量化されましたが、では、営巣環境と卵の模様との関連は、どうなっているのでしょう?

まず、イカルチドリの巣はクラス3の大きな礫を含む環境にあります。ということは、その営巣環境には粒径30ミリ以上の礫がいくつもあるのです。この粒径30ミリというのは、まさにイカルチドリの卵のサイズに相当します。つまり、イカルチドリは自分の卵のサイズの礫が散らばった地面に卵を産んでいるのです。また、チドリは3個から4個の卵を生み、卵は尖端が中心を向くように放射状に並びます。このようにぴったりと並ぶと、4つの卵が一塊に見え、直径60ミリほどの石にも見えるのです。斑点模様というより、石っぽい色と質感をしていることが重要です。

では、砂地を好むシロチドリではどうでしょう。彼らの卵はもちろん、小石のようにも見えなくはありません。ですが、直径5ミリ以下の細かい礫（ここでは砂と呼ぶことにします。工学的には砂は粒径3ミリ以下ですが、調査の際、3ミリまで小さくなると写真上で見分けにくかったので、5ミリ以下という枠にしました）がびっしりと並んだ環境では、白地に黒の斑点模様は、それ自体が砂地の表面に見えるのです。

これは巧妙な、陰影を利用したカモフラージュです。日差しの強い海岸の砂は真っ白に見えますが、砂「粒」である以上、粒の下側には必ず影ができます。つまり、夏の砂浜は、白地に黒い影が並んだように見えるのです。シロチドリの卵の表面はまさにこの模様なので、砂の上にヒョイと置いてあると非常に見づらくなります。

ですが、砂地は平面なのに対して、卵は立体という問題があります。ヒトに限らず、ニワトリなども、物体の陰影のつき方で立体感を判断していることがわかって

います。しかし、シロチドリはこれをごまかす方法も持っています。彼らはしばしば、卵の一部を砂に埋め込んでしまうのです。こうすると卵の下側にできる影が消え、立体を検出しづらくなります。

つまり、イカルチドリは卵自体を礫に見せかけて、礫だらけの地面に隠す鳥です。卵は見えていますが、それが卵だとは気づきません。一方、シロチドリは卵の表面を砂地のように見せて、卵という大きな塊の存在を消してしまう鳥というわけです。

コチドリの卵はその中間で（イカルチドリ寄りには思えますが）、おそらく、どちらのやり方でも効果を発揮する、マルチモードな隠蔽色のように思われました。これはコチドリの営巣環境が非常に幅広いことと呼応しています。実際、彼らは住宅造成地にも現れることがあり、河原なんか全然ないところでペアを見たことがあります。うまくいけば、そのような場所でもちゃんとヒナが育ちます。餌は水たまりでユスリカなどが発生していれば利用できますし、クモやアリなど地上性のものも食べるので、意外と何とかなるからです。

シロチドリと同様の環境に営巣する鳥としてコアジサシがありますが、彼らは「海岸が白っぽいところを好む」「砕けた貝殻の堆積を好む」「しばしば砕けた貝殻

コアジサシと卵

を集めて巣材にする」といった特徴があります。コアジサシの卵はシロチドリに似ていますが、しばしば、斑点の色が2パターン混じった、薄い灰色と濃い灰色の斑点を持ったものがいます。薄いほうはわざわざエアブラシでボカシを入れたような、不思議な色合いです。

あるとき、海岸を歩いていて気づきました。この斑点は、小さく砕けた貝殻が砂の上に堆積した状態にそっくりなのです。おそらく、コアジサシは海岸に打ち寄せられて満潮線に堆積する貝殻の帯を隠れ蓑に産卵し、営巣する鳥なのでしょう。

鳥の卵の模様は必ずしも背景とマッチしたものとは限りませんが、チドリ類など、地上に産卵する鳥の卵の模様を見ながら、「この鳥はいったいどんなところに住んでいるのだろう」と想像するのも面白いものです。海外の鳥ですが、イシチドリの卵など、なかなか興味深い模様です。イシチドリも裸地に産卵する鳥ですが、その卵の模様には多型があり、大きめの斑点が散ったものもあれば、全体に砂目のような細かい模様のものもあります。

卵の模様は卵形成の最後、輸卵管の中でつけられますが、鳥が自分の意思で色や模様を好き勝手に変えられるようなものではありません。種全体を見れば卵の模様に多型があるとしても、ある個体が産む卵の模様は、ほぼ決まっているはずです。つまり、「ここは砂利っぽいから斑点模様にしよう」とか「ここは石ばかりだから、砂目にして石に紛れ込ませようかな」などという生み分けはできないということです。

イシチドリは個体ごとに、自分の卵に合った背景を選んで生むのでしょうか、それとも出たとこ勝負なのでしょうか。

川と生きる

さて、このようにチドリは砂礫の堆積状態に応じて生息していることがわかったのですが、砂州や中州を作るのは川の流れです。木津川は上流に花崗岩《かこうがん》帯がありますが、これが細かく砕けたものが砂です。つまり、砂の供給源が上流にあるわけです。しかも中流域で一度平坦になって流れが緩くなるため、ここに砂が溜まりやすいのです。砂地を好むシロチドリが木津川の内陸部にまでやってきた理由には、こういった地質学的な背景があったのでしょう。

さらに、砂州レベルで見た砂礫の分布も、水流と地形が作り出すものです。このとき、私たちが主に調査していた砂州は2つありました。一ヶ所は副流路（主要な流れの他に、細い流れがもう一本分岐している例）があったり、中州があったり、ワンド（湧き水などによって入江ができている場所）があったりと複雑な形で、砂礫の分布もやはり複雑でした。

砂礫が押し流される過程で、「この流れの速さでは、もうこの砂礫は運べない」という状態になると、砂礫は沈んで堆積します。速い流れは押し流す力が強いので、流速の速いところに堆積できるのは大きな礫だけです。流速が落ちると、小さな礫

も堆積できるようになります。

　砂礫がどんどん堆積してゆけば、やがて水面から顔を出して陸地となり、砂州、あるいは中州となるわけです。砂州や中州ができると水流自体も変化し、それによってまた堆積の仕方が変わります。また、河川の水量は一定ではありません。一度できた砂州が増水によって浸食されてしまうこともあります。

　大ざっぱに言うと、砂州の上流端、増水時に水流が直撃する所は、非常に大きな礫が堆積していました。強い流れが礫を押し流してきて、砂州にぶつかった所で止まるからです。もっと小さな礫は押し流してしまいます。砂州に乗り上げて流速が落ち、砂州の上を流れるうちにさらに流速が落ち、そのつど礫が水流からこぼれるように堆積してゆくので、下流に向かって砂礫は小さくなります。中州の真ん中あたりの比高が大きい所は、特に浅くなるために砂が堆積する場所です。ここを避けるように下流へ流れ下っても、その先がヨシ原で行き止まりのエリアはやはり、砂が溜まります。ヨシ原でブレーキをかけられた水流が溜まり気味になるからです。

　一方、流路に沿った場所には、大きな砂礫が溜まり続けます。本流の深みを勢いよく流れる水が砂を運び去ってしまい、大きな礫だけを残すからです。

このように、複雑な地形の砂州は、堆積の条件も複雑です。一方、もう一つの調査地は島状の中洲ではなく、いわゆる「寄り洲」で、川岸に貼りついた単純な形のものでした。こちらは砂中心の堆積でしたが、それでもイカルチドリやコチドリがいるのは、ところどころに大きな礫のパッチがあったからです。

地面に凹凸があると、それだけで堆積の状態は変わります。高さほんの数十センチのでっぱりであっても、水流に当たる側には礫が溜まり、その背後は水流の直撃を免れて細かな砂が溜まります。さらに、その後方1メートルくらいは流れが渦を巻くためにえぐれたり、流速が落ちるために周囲よりも堆積物が細かくなったりします。草が束になって生えているだけでも同じことが起こります。このように、単純に見える砂州であっても、わずかな地形や水流の変化によってさまざまな砂礫サイズのパッチができて、チドリたちは自分に合った地面を選んで営巣できていたわけです。

また、水流は植生にも影響しています。

チドリはあまりに植生が繁茂した場所を嫌います。多少草が生えているくらいなら平気ですし、種によっては、あるいは同種でも、分布地域によっては草の間に営

巣することもあるのですが、「草むら」「藪」「森林」といった、植生が優占的な環境に住む鳥ではありません。イタリアのシロチドリではちょっと面白い研究があり、草の間に営巣するほうが直射日光にさらされないので親は楽だが、外敵が近づいても気づかないため、卵と一緒に自分が捕食される率が上がるとのことです。さらに、木津川で観察した限りでは、チドリ類が採餌するのは開けた汀線《ていせん》（水際）や砂地で、汀線が植生に覆われると、そこを使うのをやめました。つまり、チドリにとって植生とは、「まったくないと疲れるが、あったらあったで邪魔になる」という存在なのです。

さて、この痛し痒《かゆ》しな植生なのですが、ある程度大きな増水があると一撃で消滅します。草が引き抜かれ、あるいは上から砂が堆積し、ときには生えていた場所ごと削り取られて、地形もすっかり変わってしまうからです。一年性草本から多年生草本、陽樹、そして陰樹という植生遷移をたどろうにも、すぐにリセットされて森林までたどり着けないのが河川敷なのです。このことが、河川にチドリのような裸地性の鳥類が生息できる大きな理由となっています。

洪水は一見すると自然を破壊しているように見えます。ですが、梅雨や台風による定期的な出水が、育ちすぎた植生を吹き飛ばし、新たな土砂を供給してフレッシュな砂州を作ることにもなっているのです。また、河川敷に生息する動植物にとって、洪水で流されることなど織り込み済みです。ツルヨシは引きちぎられて流された匍匐茎《ほふくけい》が下流に流れ着くと、そこで新たに芽吹いて定着します。河川の植物の中には、簡単には流されない深い根を持ったものや、水の抵抗を受けにくい葉をつけたものもあります。

チドリも洪水の間は川から田んぼに移動して餌を取っています。河川敷の動物にとって、河川とは常に氾濫したり流路を変えたりするものであり、当然、川の周囲には河川敷や草地や湿地といった「川に付随した広い空間」があって、川が暴れている間は避難していれば済む、そんなものだったのでしょう。

もし、河川を完全に護岸で固めてしまうと、川は蛇行できず、大規模な砂州を作ることもできません。ですが、治水という意味では、砂州はあまりありがたくない存在です。砂州ができているということは砂が溜まっているということで、河川の流量が計画よりも小さくなることを意味します。さらに、砂礫が堆積すると川底が高くなり、水が堤防を越えやすくなります。放置すれば砂礫は下流に流れ、港湾を

埋めることにも繋がります。治水・利水という意味では、頻繁に河道を掘削し、きれいな「排水路」にするほうが、計算や計画がしやすいのです。ですが、この方式では、蛇行や氾濫を繰り返すことで形成される、裸地と草地が連なる水辺環境が保たれにくくなります。

「自然が豊か」とは、必ずしも緑が豊かであることとは限りません。チドリの営巣地は不毛に見える砂礫の上であり、常に変化し続ける河川のダイナミックな振る舞いと共にあるのです。

第4章 鳥の素顔に迫る

◎新世代の都市鳥

イソヒヨドリ

Monticola solitarius

全長26センチメートル。ヒヨドリ程度の大きさ、鮮やかな青い体、と見間違うおそれのない鳥。近年、内陸部に分布が拡大中である。

イソヒヨドリのすみかは?

イソヒヨドリ。漢字では磯鵯と書きます。ヒヨドリが「卑しい鳥」とはなんとも失礼ですが、まあたしかに、どこにでもいるし、色も姿も地味だし、別に美声ではないし、態度はでかいし、高貴な鳥には見えないのも事実ではあります。ですが、人間が勝手に鳥の貴賤を問うのはよろしくないでしょう。

それはともかく、この鳥は磯とつくように、海岸によく見られる鳥です。砂浜ではなく、岩場があるような場所が好きです。港にもよくいて、防波堤や消波ブロックのあたりでしばしば見かけます。

分類から言うと、この鳥はヒヨドリではありません。英名はBlue Rock Thrushと言いますが、Thrush(ツグミ)が示すように、ツグミの仲間です。英名を直訳するとアオイワツグミとでもなるでしょうか。

とはいえ、見た目はあまりツグミっぽくありません。シルエットだけに注意すれば、それなりにツグミっぽいのですが(あと、マニアックなことを言えば、「ふん!」と引き結んだ口元といい、ちょっと離れたパッチリ丸い目といい、たしかにツグミ科の顔はしていますが)、オスは背中から頭、胸までが青灰色で、腹は赤錆色をしており、意外に派手な色合いです。亜種のアオハライソヒヨドリになると全身が青くなります。一方、メスは褐色と黒のさざ波模様で、ちょっとトラツグミに似ていますが、翼にやや青みがあるのと、トラツグミよりずっと小さいので区別できます。イソヒヨドリは全長26センチでツグミやアカハラくらいですが、トラツグミは30センチほどになります。

繁殖期になると、オスは高いところに止まってさえずります。非常に長く、美しい歌です。どんな声とも書き表しにくいのですが、無理に文字にすれば「フィロロロ、ツーフィー、フィフィフィ、フィーチョチョ、フィーリー」といった調子でゆったりと続きます。オオルリのさえずりにもちょっと似ていますし、クロツグミやアカハラのさえずりを聞いたことがあれば、「音質が似ている」と感じるかもしれません。

ちなみに、「カワセミがいた」というので話を聞いてみると、イソヒヨドリだったという例を2度、経験したことがあります。たしかに「背中が青くて腹が赤っぽい」のはカワセミと同じですが、カワセミはもっと緑や水色に光る羽を持っていますし、大きさも形も全然違います。また、カワセミはあんなきれいな声でさえずり

ません。オンボロ自転車のブレーキそっくりの声でキーキーと鳴くだけです。

さて、海岸を代表する鳥と思われていたイソヒヨドリですが、この10年から20年ほどの間に、内陸でも見られるようになってきました。今では海のない奈良県や滋賀県にも分布しています。山梨県でも２０１０年頃から繁殖情報があります。以前から内陸で越冬している例はありましたが、今では繁殖期にペアを見かけたり、オスがさえずっていたりするところが違います。よく声を聞くわりに、本当に繁殖が確認された例は多くないのですが、多くの場所で繁殖している可能性がある……少なくとも繁殖「しようとしている」のは確かでしょう。

さらに奇妙なのは、彼らの居場所がしばしば、都市部だということです。河川や山奥のダムなどにいることもあるのですが、街なかのビルの上でしばしば見かけます。私の実家のある奈良県では２０００年頃から大和八木駅や橿原神宮前駅（橿原《かしはら》市）あたりのビルでさえずる個体が目立ち始め、その数年内に近鉄奈良駅付近でも声を聞くようになりました。水辺や山地の岩場ではなく、駅前の大きなビルに止まって鳴くのです。

世界的な分布を見ると、イソヒヨドリはインドネシア、マレーシアからヨーロッパ、アフリカまでの、北半球の熱帯から温帯地域に広く分布する鳥です。世界地図のスケールで見れば海岸部が中心ではあるのですが、インドや中央アジア、アラビア半島の内陸部にも分布しているので、必ずしも海辺の鳥とは言えないのです。内陸部にも海のように大きな湖がある場合がありますが、何もないところにも分布しているので、水辺の鳥というわけでもありません。一方、ヒマラヤ、アルプス、ピレネー、エチオピア高原といった山岳地には分布します。どうやら、彼らが欲しいのは岩場のようです。むきだしの岩さえあれば、山でも海でもいいのでしょう。英名のRock Thrushも、それを表現しています。

日本は湿潤な気候のために植生が発達しやすく、岩場や荒れ地というものがあまりありません。一方、海岸に行けば必ず磯があるので、岩場を目指す彼らの分布が海岸付近に偏っていた、ということなのでしょう。とはいえ、日本の高山帯にいないのはちょっと不思議ですが、寒すぎて餌が足りないのでしょうか。

イソヒヨドリの餌は果実や小動物です。大型昆虫やトカゲも食べてしまいます。海岸ではカニやフナムシも食べています。ツバメの巣を襲ってヒナを食べたという

例も多数あるので、他のツグミ類と比べると多少は悪食というか、「あるものは何でも食べる」傾向があるのかもしれません。仮に、彼らが乾燥地や荒れ地の岩場にも住む鳥だとすると、餌を選り好みしてはいられないこともあるはずです。

巣は岩の隙間に作ります。港であれば、消波ブロックの隙間、積み上げたコンテナや資材の間など、やはり「大きな岩のようなカタマリと、その隙間」はたくさんあります。

スズメやセキレイなど、「隙間に営巣する」タイプの鳥が、しばしば市街地に適応できたことを思い出してください。また、ドバトやチョウゲンボウにとって、おそらくビルは岩山と同じです。「何でも食べる」×「岩場が好きで、隙間に営巣できる」＝「たぶんビル街でもＯＫ」ということです。

実際、彼らは建築物の換気口、看板の裏、ビル屋上の空調機の陰などで営巣しているのが見つかっています。マンションの外階段にメスが居座ってどいてくれなかった、という話も聞いたことがあるのですが、おそらく、近くで営巣していて、巣かヒナを守ろうとしていたのでしょう。

都市の鳥に

イソヒヨドリが面白い理由は2つあります。一つは、現在進行形で生息地を急激に拡大し、都市の鳥になろうとしている、ということです。今のところまだ個体数は多くありませんが、すでに内陸でもビル街でも「いてもおかしくはない鳥」になっているでしょう。カラス類を筆頭に、キジバト、ヒヨドリ、スズメ、ツバメ、ハクセキレイといった都市に適応した鳥たち、どうかすると都市のほうが密度の高い鳥たちがいるのですが、こういった「都市鳥」がどのように都市に適応し、分布を拡大し、個体数を増してきたのか、リアルタイムできちんと把握された例は少ないのです。ちょっと出遅れた感はありますが、今からでも、イソヒヨドリの記録をとっておく価値はあります。

もう一つは、都市鳥になろうとしているとはいえ、その進出の仕方が非常に奇妙だということです。例えば、２０００年代までに大阪南部の内陸に進出し、その後は奈良県に広まったイソヒヨドリですが、京都市内への進出はごく最近です。鴨川での観察例はあったのに、どうやら後が続かなかったようです。そのくせ、京都を通り越した滋賀県では、市街地への進出が見られるのです。

また、東京では湾岸地域はともかく、内陸の都心部にはまだあまり見られません。5年ほど前に足立区の古隅田川沿いで「青い鳥を見たがカワセミではなかった」という話を聞いたことがあり、荒川区の隅田川沿いでさえずっているところが目撃されていますが、あまり定着している印象がないのです。私も足立区綾瀬で声を聞いたことがありますが、これも定着はしなかったようでした。

ところが、東京をずっと西に行った八王子では、何年も前から繁殖が確認されています。ちなみに場所は駅前の大手スーパーのビルだそうです。この、都会が好きなのかと思えば微妙に外した所に出現し、かといって騒がしいのが嫌いなのかと思えば、その付近で一番大きな駅前にいる……という、妙にヘソ曲がりな動きが、イソヒヨドリの面白いところなのです。

イマドキ☆鳥類研究

さて、こういった全国各地への進出は、どうやったら把握できるでしょうか？

以前ならば、それこそ「みどりの国勢調査」のように、大規模に調査員を募集し、なるべくわかりやすい調査シートを作って記録してもらい、郵送された結果を入力して解析する……という膨大な手間が必要でした。ですが、今はもっと簡単な方法があります。

先日、ネットニュースで見たのですが、ウグイという魚の婚姻色の地理的変異や季節変化を調べるために、「いつ」「どこのウグイが」「どんな色合いか」という情報が大量に必要になった大学院生がいました。まともに調査を組むと、非常に面倒だしお金もかかります。まず、繁殖期を大ざっぱに探るために、日本各地で月に何度か（まあ各月の前半・後半で2回としましょうか）のスキャンサンプリングを行ない、今度は各地の繁殖期に合わせて集中調査を行なって婚姻色の写真を撮る必要があります。旅費だけでいくらかかるか、考えるだけで恐ろしい話です。

ですが、これを聞いた教授は「ググればいいじゃん」と指摘したそうです。まさにその通り、釣り人が釣果を撮影してブログやSNSにアップしていれば、「ウグイ　婚姻色　赤い」などのキーワードで画像検索をかけて、いくらでも画像が見つかるのです（ウグイそのものを狙っていなくても、渓流釣りや河川のスズキ釣りでウグイが釣れてしまうことがよくあります）。あとは元の投稿をたどって、いつ、どこで撮影したものか確かめればよいわけです。

もちろん、この方法には欠点もあります。ネットにアップした人たちは別に研究データとして扱っているつもりはないので、場所や日付に間違いがあるかもしれません。わざわざ撮影しなかったから、画像がアップされていないだけかもしれません。釣り人は釣れる時期と場所にしか行かないはずなので、サンプリングにも偏りがあるでしょう。ですが、そういった問題を理解したうえで、この教授と大学院生は、ネットに上げられた大量の写真はやはり有効だろう、と判断したのです。その結果、地域によって婚姻色の出る時期が違うことがわかり、従来知られていなかった婚姻色のパターンも見つかったそうです。

こういう調査がイソヒヨドリでもできれば、テーマも調査方法もイマドキ風、というわけです。

実際、知り合いの柴田佳秀さんがツイッターで内陸のイソヒヨドリ情報を募集したところ、あっという間に日本全国から情報が寄せられたとのことです。これをグーグルマップなどのネット地図にプロットしていけば、イソヒヨドリの分布が一目瞭然です。

目撃した方がイソヒヨドリをちゃんと識別できているか？　という問題はありま

すが、イソヒヨドリは特徴的な鳥ですから、識別は比較的容易でしょう。それに、今のようにデジタル・デバイスの発達した時代ならば、スマホで撮影して拡大してみるなり、動画モードやボイスメモで音声を録音するなり、客観性のある情報をＳＮＳ上にアップする方法もあるでしょう。近い将来、「ＳＮＳを利用したイソヒヨドリの分布拡大調査」「ツイートから抽出したイソヒヨドリ情報のビッグデータ解析」なんて論文が発表されるかもしれません。

何を食べているの？　何でも食べているの？

一つ気になるのは、都市部に進出したイソヒヨドリの餌です。

都市鳥になりそうなのになりきれない、微妙に田舎が好き……。このあたりから、「ひょっとしたらこいつらは、ある程度大型の昆虫など、自然の餌が多いところじゃないと生きられないのでは」とも思っていたのですが、どうもそうとも限らないようです。海岸でフナムシを食べているのを見て、「じゃあ街なかではゴキブリでも食べてんのか」と思ったりもしましたが、イソヒヨドリは果実類もよく食べているという研究がありました。ツグミ類らしく、地上に下りるのを嫌がらないので、

地面にいる昆虫もよく食べます。先日は大きなミミズをくわえて飛んでいるのを見ました。そして、トカゲのような小動物、はてはツバメの巣内ビナから、ネズミまで食べてしまいます（場所によってはツバメの強力な営巣捕食者になっています）。食性に関しては、やることがちょっとモズっぽいのです。その一方、ユスリカ、イモムシ、ハムシなどを食べていたという目撃例もあり、手に入る昆虫なら何でも食べているようでもあります。釣り人の捨てた魚を食べていたという目撃例も聞いたことがあります。そういえば私も、沖縄でムカデを狙っているイソヒヨドリを見ました。

　となると、そのとき、そのときに手に入るものを組み合わせて、なんとか生きてゆけそうな気もしてきました。ですが、「気がする」では心もとないので、断片的でもよいですから「地面で小さな虫を食べていた」「ソメイヨシノの果実を食べていた」などの情報は、集めておくべきなのでしょう。年月日と場所を記しておけば、それで観察記録として通用します。写真もあれば完璧です。なにも、『ナショナル・ジオグラフィック』に載るような素晴らしい写真でなくても構いません。「こんな状況だった」「この場所だった」「この果実を食べていた」……そういった証拠写真、記録写真があったほうが便利なことがある、ということです。

よくある問題は「数年前に記録したはずだが、その記録がどこにあるかわからない」という場合です。ノートをめくって探そうにも、いつのことかわからない限り、ノートをすべて読み返さなくてはなりません。一つの方法は、気づいたトピックを何でも書き足していく文書ファイルを、パソコン上に作っておき、日付と共にトピックを記しておくことです。これなら「イソヒヨドリの情報あったかな」と思ったら、「イソヒヨドリ」で全文検索すれば出てきます。写真なども、日付を参照したほうが探しやすいでしょう。

イソヒヨドリの主な餌が昆虫や果実類であった場合、同じ環境ですでに暮らしているヒヨドリやムクドリと競合するかもしれません。ひょっとすると、体の大きさが同程度のこれらの鳥たちとの間に競争があり、今までは都市部に入り込めなかったのかもしれません。逆に、こういったライバルたちを蹴散らして、今後はイソヒヨドリが増えていくかもしれません。特に争いにならず、なんとなく共存するかもしれません。どうなるともわからないのです。

進出の仕方の怪

それにしても、イソヒヨドリの進出に関する大きな謎は、その経路です。最も単純な考え方としては、「川沿いに上がってきた」というものがあります。たしかに、海岸に住んでいるなら、海岸線をたどっているうちにそのまま大きな川の河口に入り込み、気がついたら河川の岸辺をたどっていた、ということもあるでしょう。登っていった先に適当な護岸や堰堤やダムなど、住めそうな構造物があれば、そこに住み着いても構わないでしょう。

東京でも多摩川や荒川など、大きな川に沿って進出し、気に入った街があればそこに住み着く、という大まかなパターンのようにも見えます。ですが、それなら、いきなり内陸に出現するのではなく、「河口から、だんだん上流に向かって分布を広げた」というかたちになってもよいはずです。ですが、現状、必ずしもそうは言えないのです。例えば、しばらく京都市にいなかったこと、より上流側に位置する滋賀県にはいたことなど、いろいろ不審な点も出てきているわけで、すっきり説明できる仮説すらないのが現状です。

何か、海からうんと離れた場所でないといけない理由が？　そんなに内陸が好き

見知らぬ土地はこわいけど……。

なら、なんで今まで内陸に来なかったの？　今になって、なんでポンと内陸に飛び込んでこられたの？　何か状況が変わったの？　どうにも、よくわからない鳥なのです。

とはいえ、「その鳥が住む環境が整っている」だけでは、鳥が移住してくる条件をすべて満たしているわけではありません。環境が整っているのは、条件の一部にすぎないのです。最も重要な条件は「移住しようと、鳥自身が意思決定する」ことです。

生物は「新たな場所に広まっていく」「見慣れない場所は警戒する」

という、相反する習性を持っています。知らない場所に広まらなければ、血縁者同士が競争を繰り広げて損をします。一方、見慣れない場所を警戒しなければ、生きていけるという保証もなしに「わーい」と飛び込んで、あっさり死に絶えます。どちらも大事なのです。

おそらく、こういった分布拡大に先立って、気づかれずにやってきて、また去っていった（あるいは死んでしまった）先駆者がたくさんいたのでしょう。何度もやってくるうちに、その中から定着する個体が出てきた、ということだと思います。また、オスがさえずっていても、それで繁殖していることになるとは限りません。メスが行きたがるような「よい環境」にナワバリを取れなかったオスが、仕方なくライバルのいない（しかしメスもいない）ところに来て、一人で鳴いているだけかもしれません。ですが、これも、何年もやっているうちに、通りがかったメスがヒヨイと定着してくれることだってあるかもしれません。そうすれば、分布拡大の第一歩となるでしょう。

さらに、繁殖しているペアがいるということ自体が、他個体を引きつける可能性もあります。行動学ではコピーイングと言いますが、「みんなが選ぶんだから、きっといいよね」と、オスの評価や環境の評価を他人任せにして、自分の手間を省くという戦略です。言ってみれば口コミ、あるいは行列のできる人気店みたいなものなのですが、「お、ここ、よさそうじゃん」という個体が増えれば、次々にやってきては定着する個体も増えるでしょう。

　こういった段階を踏む、そして「定着するか消えるか、どちらに転ぶかわからない段階」があるがゆえに、分布を拡大中の生物は最初のうちは観察されにくく、出たり消えたりも激しいのだと思います。経験的な印象ですが、こういった鳥一般に、さえずりを聞い

て「いるな」と思ってから本当に定着して繁殖が確認されるまで、早くて数年のタイムラグがあるのが普通でしょう。

　つまり、「いい場所があるのにイソヒヨドリがいない。おかしいじゃないか！」というのは、理屈が先行した感覚だということです。鳥たちはそんな場所があることを知らないかもしれません。見つけても仲間がいないから通り過ぎているのかもしれません。見慣れない環境なので、今のところちょっと敬遠しているだけかもしれません。その辺の偶然の要素や、「鳥の思惑」という不確定要素がある以上、すべてが予測通りになることはないでしょう。

みんなが「イイね！」って言うなら大丈夫だよね。

そういった中で、「それでもざっくり合ってるんじゃね？」という説明を見つけ出すのが、野外鳥類学の仕事です。予測と外れているところをすべて「あ、それは不確定要素なんでー」と笑ってごまかしていたら科学になりませんが、完全には一致しないのは、まあ、想定の範囲内です。

個人的な予測ですが、今後、イソヒヨドリはじわじわと都市部に広がっていき、特にムクドリやヒヨドリ、ツグミなどを養っておけるような、ちょっと郊外の駅前などでは、普通に見られる鳥になるのではないでしょうか。大きな公園に隣接した、東京であれば新宿御苑や代々木公園周辺のような、そういう街にも定着するかもしれません。皇居外苑に隣接し、かつ高層ビルの並ぶ、大手町から日比谷あたりもよさそうです。もっとも、海岸でもそんなに密度の高い鳥ではないので、増えたとしても大きな駅ごとに1ペア程度ではないか、と思いますが……。いやまあ、単なる勘です。根拠はありません。

果たしてこの予測が正しいか、あるいは思いもよらない変遷を経ていくかは、今後、イソヒヨドリを見て、繁殖情報に注意していればわかるでしょう。

◎都市のハンター

チョウゲンボウ

Falco tinnunculus

全長36センチメートル。ハトほどの大きさのハヤブサ科の猛禽。餌は昆虫、小鳥、ネズミなど。草地で採餌することが多いが、しばしばビルの上に営巣。

ハヤブサ

Falco peregrinus

全長50センチメートル。カラスほどの大きさで、餌は主に鳥。チョウゲンボウより餌の要求は厳しくなるが、こちらもビルで営巣する例がしばしばある。

インコとハヤブサ

チョウゲンボウもハヤブサも、いわゆる猛禽類です。尖った翼をピンと張り、大空を自在に駆けるハンター、タカの仲間らしく鋭いクチバシと爪……。

ちょっと待った。

最近の研究によると、ハヤブサ科の鳥類はワシ・タカとはそれほど近縁ではない、ということがわかりました。縁遠い、というわけではないのですが、以前考えられていたような、兄弟のような関係ではないのです。そして、ハヤブサ科と遺伝的にごく近縁なグループが判明しました。

それは、まさかの、インコ・オウムの仲間です。

あのかわいらしいボタンインコが、空中で小鳥を捕らえる必殺のハヤブサと近縁とは信じ難いところがありますが、よーく見てみると、インコの仲間は尖った翼で勢いよく飛ぶ鳥だし、丸い頭も言われてみれば似ています。クチバシだってよく見れば鋭い——、これは大きな果実を齧《かじ》るためで獲物を切り裂くためではありませんが——、ので、もう少し前に出っ張ればハヤブサの顔になるかな？　という気もしなくはありません。

かわいいインコと、あのハヤブサがまさか……。

もっとも、鳥類の形態は系統的な類縁関係とは関係なしに似通っている場合も多々ありますし、「見た目がなんとなく似ている」では定量的な評価とも言えません。ハヤブサ科とインコ・オウムが近縁とされたのは、遺伝子を比較した結果です。鳥類に関しては、近年、遺伝子を用いた系統の研究が進み、いろいろと従来とは違った結果が出てきているのです。

例えば、研究のたびに分類が変わっていたフラミンゴは、最近の研究ではカイツブリおよびハトと近縁ということになっています。見た目か

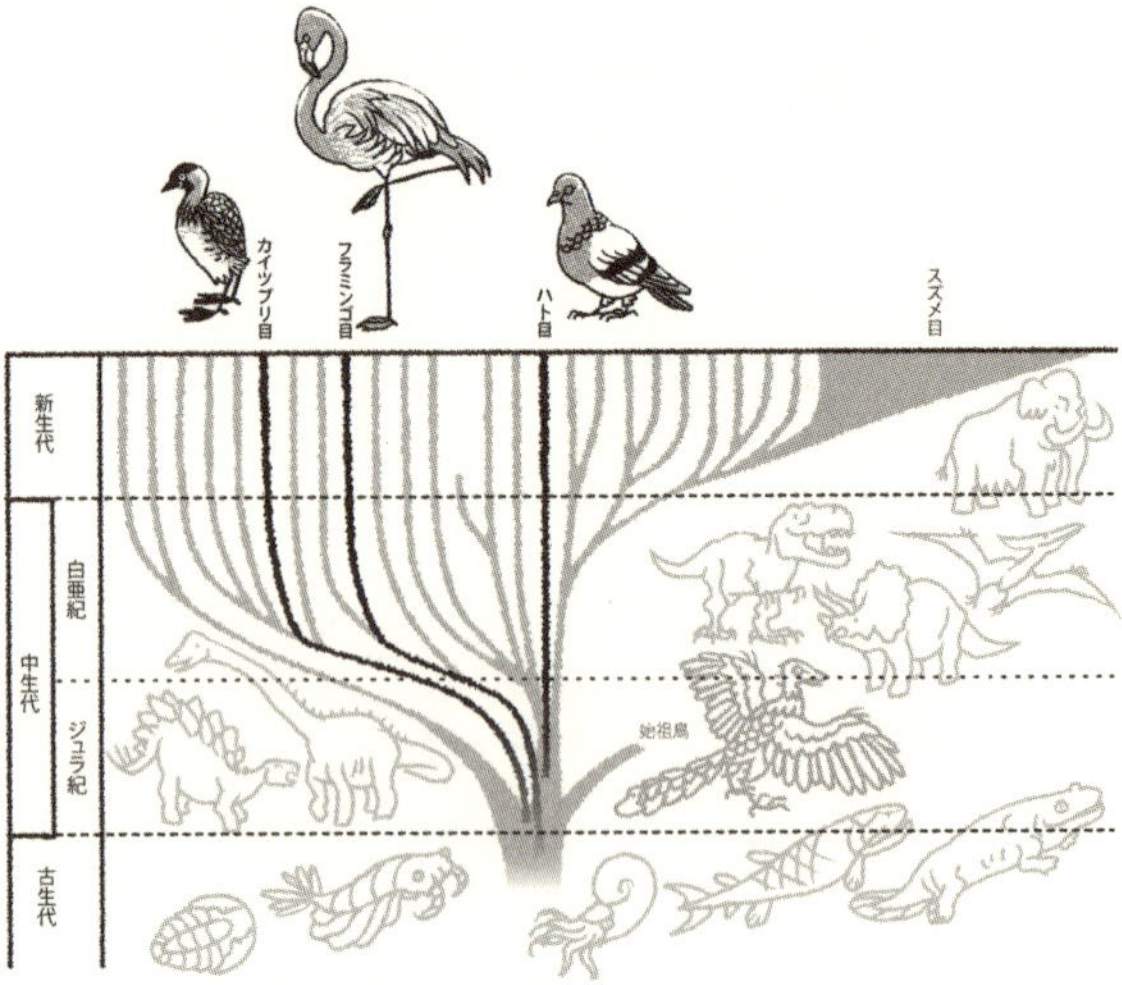

ハトとフラミンゴを生み出す進化の神秘

らはまったく似ているとは思えませんが、遺伝的にはそうだ、という結果だから仕方ありません。何をどうやったら、同じ祖先からハトとカイツブリとフラミンゴが分岐してくるのか見当もつきませんが。

ちなみにコンドルも、ワシ・タカというよりはコウノトリの近縁ということになりました。もっとも、コウノトリ自体がワシ・タカの近縁なので、コンドルもそれほど縁遠いわけではありません。ですが、ワシ・タカ・ハヤブサ・コンドルが「猛禽類」という一つのグループ、というわけではなくなってしまったのです。

ところで、先ほどから「ワシ・タカ」と面倒な書き方をしています。タカ科としてもよいのですが、日本語で言う「鷲《わし》」と「鷹《たか》」を合わせたもの、という意味にしたいので、こう書いています。タカ科だとワシを除外しているようにも見えるからです。

分類学的には、ワシとタカに明快な区別はなく、すべてタカ科です。典型的な「ワシ」であるイヌワシ亜科はタカ科に含まれています。一般に、イヌワシを代表的なイメージとする大型で黒っぽいものはワシと呼ばれていますが、同じく大型で全身が褐色のトビはワシとはつきません。かなり大型のクマタカも、腹が白くて、「鷹斑」つまりオオタカのような縞模様があるせいか、ワシとはつきません。ところが、ノスリほどの大きさで鷹斑のあるカンムリワシは、「ワシ」なのです。

こうした一般的な呼び名や分類は、身近な生き物に対して、イメージも含めて名づけられます。おそらく、昔からワシはワシ、タカはタカだったのでしょう。クマタカがタカなのは、大きいとはいえ、飛んでいる姿を見上げたときの色合いや模様がオオタカなどに類似しているからだと思います。見た目にワシっぽくても、ずっと身近で暢気なトビはやっぱり「とんび」で、「あんなのはワシではない」という認識でも不思議はありません（卑近な鳥はひどい名をつけられることがしばしばあり、サシバやチョウゲンボウには馬糞鷹という地方名があります）。学術的に整理したときに、古来の呼び方である「トビ」はそのまま採用され、「ワシ」はオオワシやオジロワシと区別するために、通称の一つを採用して、標準和名を「イヌワシ」としたのでしょう。イヌとつくのは「劣っている」というニュアンスのことが多いのですが、これは矢羽根にしたときの価値がクマタカよりも一段劣ったからのようです（鷹斑のはっきりしたクマタカのほうが上等だったので）。一方、漢字で書けば「狗鷲」となるように、天狗の意味があるとも言われており、必ずしも蔑称ではないかもしれません。

　カンムリワシは沖縄の鳥なので、学術的に整理して標準和名をつけようとするまでは、現地語以外の呼び名はなかったはずです。そのときに沖縄を代表する堂々とした鳥なので「ワシ」とつけたのでしょう。

　このあたりは日本語での呼び方や古来の分類観、さらには標準和名の決め方の問題なので、無理に定義づけしようとしてもうまくいきません。サメとフカ、フクロウとミミズクも同様です。

ちなみにクマタカの英名はHawk Eagleで、タカのようなワシ、という扱いです。これは分類上は間違いではなく、クマタカ属はイヌワシ亜科に含まれています。タカの仲間だけど、さらに細かく言えばワシの仲間で、その中のクマタカの仲間だよ……という、じつに面倒な分類です。さらに言えば、イヌワシ亜科ヒメクマタカ属の中にはゴマバラワシがいて、もう頭がおかしくなりそうですが、こういった分類は名付けた後で変わることもあるので、あまり気にしないでください。

ちなみにサシバはBuzzard Hawkで「ノスリタカ」、これもなんだかよくわからない名です。猛禽の名付け方に困ったのは日本だけではない、ということでしょう。英語のRed-tailed Hawkが日本語だと「アカオノスリ」に化けるなどの例もありますが、これはアカオノスリがノスリ属なので、標準和名を作るときに素直に分類に従ったためです。

生態系の頂点に立つための身体能力

鳥には歯がない。これは常識ですが、チョウゲンボウやハヤブサの上クチバシには、牙のように見える部分があります。下クチバシは、この凹凸のある部分にぴっ

たりと嵌《はま》り込むような形をしています。

この特殊な形のクチバシは、獲物を逃がさないためではありません。彼らは足で獲物をガッチリと捕まえているからです。クチバシを使うのはその後、トドメを刺すときです。ハヤブサ科の鳥は鳥やネズミなどの獲物の首を噛んで、頸椎を破壊することができます。その後、きれいに首を切り落としてしまうにも、クチバシは使われます。稀に首のないハトの死骸が落ちていたりすることがありますが、刃物を使ったようにきれいに切れていたら、ハヤブサの仕業という可能性があります（カラスも首を落としますが、ハヤブサほど手際がよくありません）。

ハヤブサは空中で獲物を襲い、鋭い爪を備えた足で捕獲する鳥です。追い抜きざまに爪で切りつけるか蹴り飛ばした後、相手が墜落するところを捕獲することもあります。

ということは、獲物に追いつける速度で飛ばなくてはいけません。ハヤブサは極めて高速で飛ぶことでも知られ、鳥類最速の呼び声もあります。実際、急降下するときの最高速度が時速４００キロに達したという記録もあります。

もっとも、鳥の飛行速度を計るのは非常に難しいのです。これまでのデータは、２地点間をなるべくまっすぐ飛んだ様子が観察されたときとか、レーダーで捉えた記録、飛行機や自動車から観察したときに乗り物のほうの速度と考え合わせた推定値、スピードガンによる計測などが混在しています。どれもなかなか難しい部分があるのはわかるでしょう。２地点間の記録の場合、区間平均速度は出ますが、瞬間最大速度はわかりません。レーダーにしても計測誤差が出ますし、鳥のような、本来レーダーで補足する対象でないものが相手ではなおさらです。乗り物の速度との比較も、いろいろと誤差が出るので参考値程度。スピードガンも、野球のボールのように常に同じあたりを通ってくれるならともかく、自由に飛び回るものを計るのは決して簡単ではありません。

最近では計測機器も進歩しているので、以前より正確な数値が得られるようになってきました。特に猛禽の場合、鷹狩り用に飼いならした個体を飛ばすこともできるので、計測例がいくつかあります。

時速４００キロ弱というのもその一つで、スカイダイバーが飛行機から飛び降りつつ、ハヤブサについてこさせて、そのときの速度を計ったというものです。とはいえ、これはスカイダイバーと一緒に降下させれば、という条件下でのことですから、普段からそんな速度で降下しているかどうかはわかりません。ハヤブサが急降下するときは動力降下ではなく、翼を畳んで自由落下するので、高度さえあれば速度は相当に上げられるはずです。

この計測が示しているのは、「ハヤブサは時速４００キロ近い速度でも降下を続け、さらにそこから水平飛行に戻れるほどの身体機能を持っている」ということでしょう。いや、サラッと「時速４００キロ」などと書きましたが、これは大したものなのです。ちなみにセスナ１７２（よく使われていた軽飛行機）の超過禁止速度は時速３７２キロ。ハヤブサと並んで急降下したら空中分解の恐れがあります。

ちなみに、鳥類の水平飛行速度はそれほど速くないとされていましたが、レース用のハトなどの記録を見ると、時速90キロくらいの速度で巡航することも可能なようです。もっとも、ハトはああ見えて高速で飛ぶ鳥で、鷹狩りでも上空を飛ぶハトに上昇しながら追いつくのはほぼ無理とのこと（同高度や、自分が高いところにいて降下しながらならば可能）。それ以外にも、鳥によっては（そして条件によっては）時速１００キロ程度は出ているときもあるのではないか、という例がいくつか

知られています。
猛禽も種によって獲物の追跡方法が違い、これが速度や持久力に大いに関係するだろうということは、鷹匠にはよく知られています。例えば鷹匠の波田野幾也は著作の中で、セイカーハヤブサはどこまでも、それこそ地平線の果てまで獲物を追って飛んでいってしまい、連れ戻すのが大変だと述べています。一方、ハヤブサはそこまで深追いせず、短時間で諦めて戻ってくるとのこと。

同じハヤブサ科でも、ネズミや昆虫を狙うことも多いチョウゲンボウは、そこまでの速度性能を持っていません。彼らは空中戦専門のいわば「戦闘機」であるハヤブサとは違い、低速で地面を監視しては短い突進を繰り返す、いわば「対地攻撃機」ということになります。鳥を狙うこともあるので多少の空中戦能力もありますが、速度という点ではちょっと妥協しているようです。

大きさの近いチョウゲンボウとチゴハヤブサを比較した研究では、翼のアスペクト比（広げた翼の幅と翼の前後長の比率。アホウドリのような細長い翼はアスペクト比が大きくなります）や翼面荷重にかなりの差が見られたとのことです。チョウゲンボウは翼がやや短いのでアスペクト比が小さく、小回りは利くかもしれません

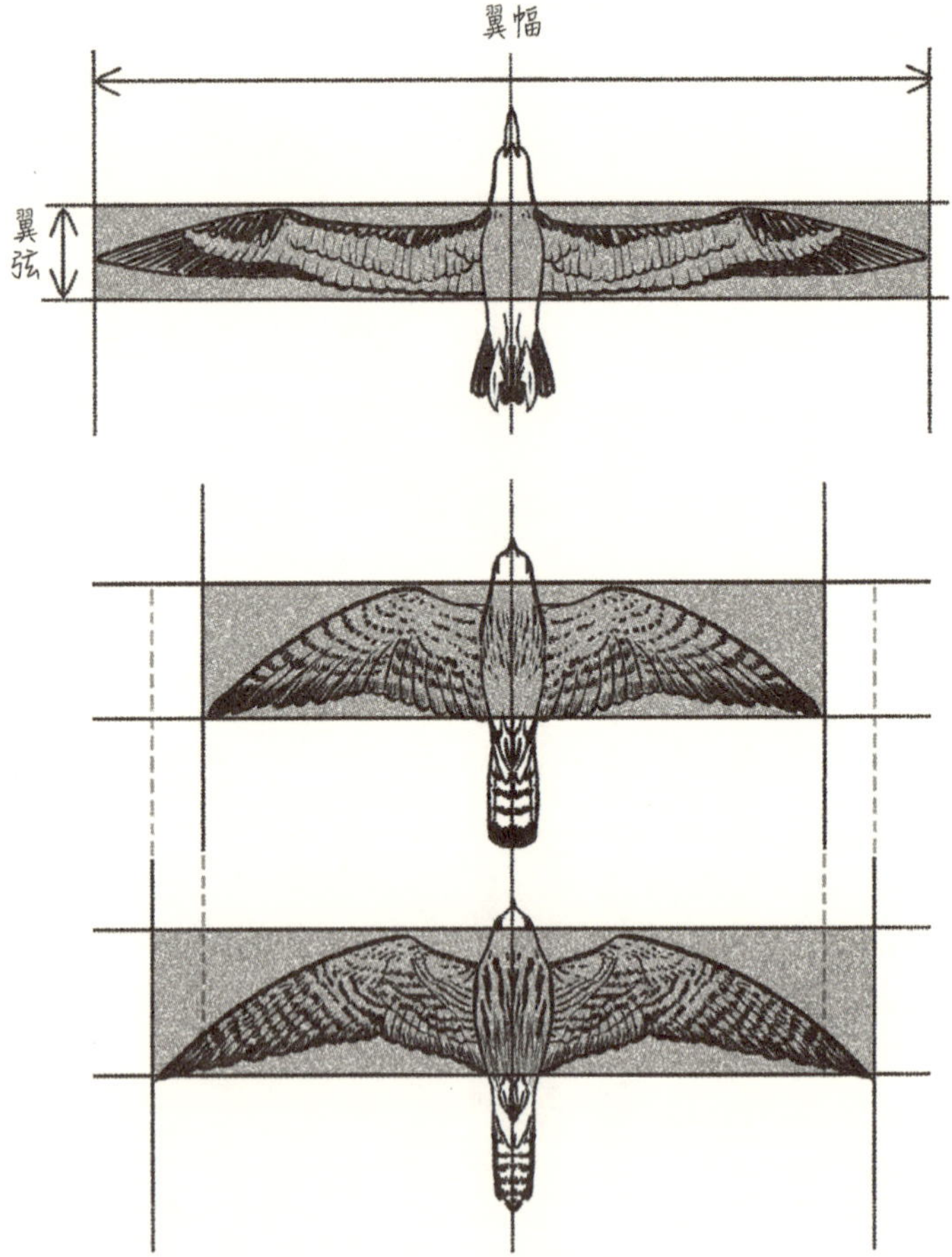

302

アスペクト比

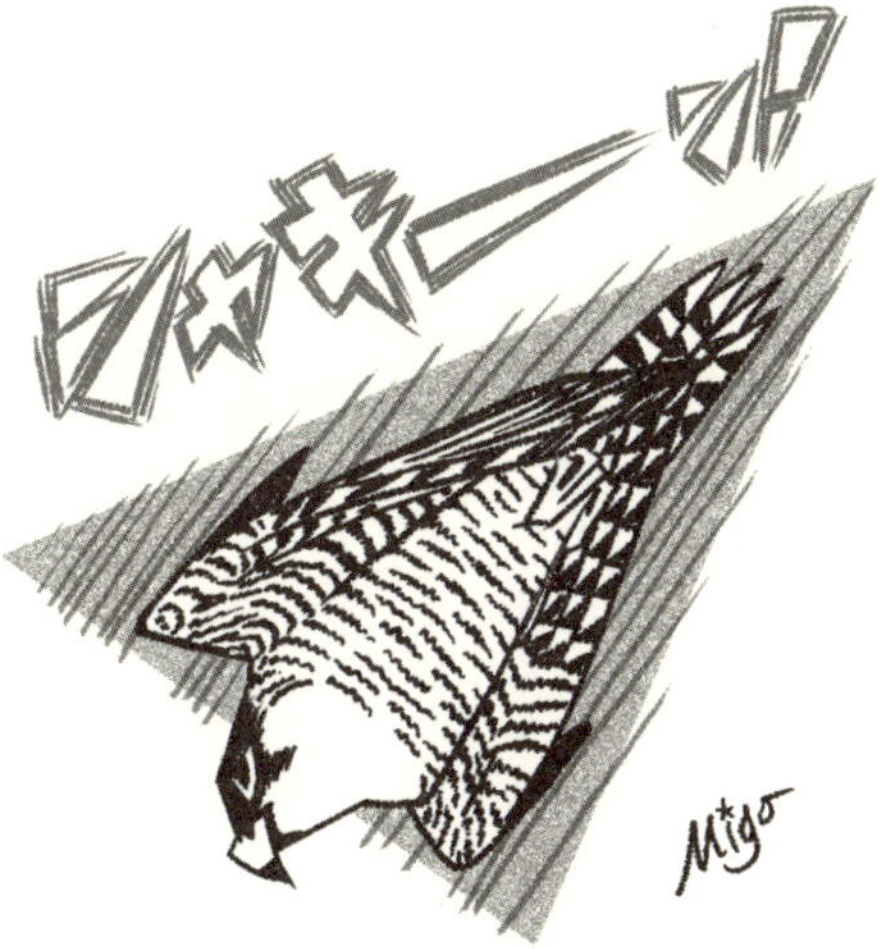

303　急降下するハヤブサ

が、誘導抵抗（翼端で発生する抗力）が大きくなり、速度を維持するという点では損をします。翼面荷重が小さいので、より低速でも飛ぶことができますが、これは体に対して相対的に大きな翼を持っていることを意味します。高速で飛ぶだけなら、こんなに大きな翼はいりません。翼は高速で飛ぶときに抵抗源にもなりますから、高速飛行を目指すなら、無闇に大きな翼はよくないのです。もちろん鳥は翼を畳むことができて、中でもハヤブサ科の鳥は翼を逆三角形に縮めながら畳み込むという離れ業で急降下しますが、それにしても余計な翼面積を抱え込む意味はありません。

チョウゲンボウは獲物を探すために上空でヒラヒラと速度を落としたり、向かい風に乗って凧《たこ》のように空中停止（ハンギング）したり、羽ばたきながらホバリングしたりすることも多い鳥です。こういった場合は、低速で飛べないと支障をきたします。そのため、高速飛行性能にはいくぶん妥協しても、より大きな翼を持つようにしたのでしょう。アスペクト比の小さな翼は（と言っても小鳥やキジよりは大きいのですが）、急激な方向転換や急加速には向いていています。狭いフィールドで細かなフットワークを利かせて狩りをするには、これくらいの翼がよいのでしょう。

航空力学の視点で鳥を眺めてみると、猛禽類は他の鳥に比べて翼面荷重が極端に小さいことに気づきます。例えば、林内で枝を縫うように小鳥を追うハイタカの翼面荷重は、体重が約1／10しかないスズメなどと同程度です。体長が2倍になった場合、面積は4倍にしかなりませんが、体積は8倍になるため、同じ形を保ったままだと翼面荷重は2倍大きくなります。このために大きな鳥は翼面荷重が大きくなりがちなのですが、ハイタカはスズメと比べて体長が3倍近いのに翼面荷重が同じというのは、驚くべき数値です。彼らは速度が必要なときには翼を縮めつつ、大き

ミサゴ

な翼を駆使した高機動性で獲物を追いかけるのでしょう。また、捕らえた獲物を持ったまま飛ぶためにも、翼面荷重の余裕は必要です。自重だけでなく、獲物の重さも支えなくてはならないからです。

一方、猛禽の中では、ミサゴの翼面荷重が妙に大きいのが目を引きます。彼らはとても細長い翼を持っていますが、あまりに細長いため、翼面積はあまり大きくないのです。

これはおそらく、ミサゴが海上を飛行することと関係しています。海辺に行くとわかりますが、海上は強い風が吹いていることが多いのです。

鳥の飛行速度はあくまで対気速度ですから、例えば時速50キロで飛べる鳥は、向かい風の速度が50キロに達すると前に進めません。全速で飛んでいるつもりでも、向かい風の速度で打ち消されて、地面に対してはまったく進んでいない、ということになります。向かい風がさらに強くなれば、留まることもできずに吹き戻されます。そういうわけで、海上を移動する鳥は高速で巡航できないと困るのです。つまり、空気抵抗を増やすような、無闇に面積の大きな翼を持っているのは損だということです（細長いのはＯＫです。誘導抵抗を減らして効率よく滑空できます）。

　そんな翼で着陸は大丈夫かと思いますが、考えてみればミサゴの巣は枯れ木の上や、海上に突き出した岩の上です。周囲に広い空間があるので、低速で小回りする必要はありません。また、巣に着地する瞬間をよく見ていると、向かい風や、吹き上げる風を利用して速度を殺しながらフワリと降り立つようにしているのがわかります。これも猛禽を飼っている方に聞いた話ですが、ミサゴは翼を広げて止まり木から飛び降りたときでさえ、ケージの床に「ドン！」と着地することが多く、床の素材に気をつけないとすぐ足の裏を怪我するといいます。おそらく、風を利用できない限り、ふんわり着地するのは得意ではないのでしょう。

鳥の生活スタイルが真っ先に反映されるのはクチバシですが、翼の大きさや形も、鳥の「飛行体」としての特徴が出る部分なのです。

さて、チョウゲンボウはホバリングすることがあります。空中で停止して餌を探しているわけですが、何を見ているのでしょうか？　もちろん猛禽の視力は人間よりもよく、色彩分解能や時間分解能も高いし、動きにもよく反応するのですが、それだけでネズミを探せるものでしょうか？

これに関して、面白い論文が２００２年に出されました。チョウゲンボウはハタネズミの尿やマーキングの跡を見ている、というものです。

この論文によると、ネズミの尿は紫外線を反射しています。紫外線とは波長４００ナノメートル以下の光で、この領域は波長が短すぎて人間には見えません。ですが、鳥類の可視範囲はだいたい３００～７００ナノメートル、つまり紫外線領域が見えるのです。したがって、チョウゲンボウが上空から紫外線反射を探せば、「あそこはネズミの通り道だ」とわかるはずだ、というのです。この頃から鳥は紫外線が見えることが鳥類学者の常識になってきたのですが、「それが野外でどう役立つか」に関しての先駆的な研究だったと思います。

ただし、これは理論的な可能性を示唆しただけで、実際にチョウゲンボウがネズミの尿を見つけているかどうかは示していません。その後の議論で、背景と比較して明確にわかるほどの紫外線反射はないのではないか、という意見も出ています。ということで、今も「チョウゲンボウがどうやって獲物を見つけているか」は、よくわかっていないのです。

ちなみに寺田寅彦はトビの行動に関して、要求される視力があまりにも高すぎるとして、「目だけで探しているはずがない」とエッセイに書いています。ですが、これはちょっと早計。寅彦はトビの飛行高度を２００メートルと仮定していますが、ネズミを探す猛禽はそんなに高いところを飛びません。また、猛禽の目の網膜には中心窩《か》と呼ばれる窪みがあり、これが凸レンズのように働いて、視野の中央を拡大できると言われています。現実的な飛行高度と「ズーム機能つき」の目を考えれば、トビが視力だけで餌を見つけることも可能ではないでしょうか。鳥類は嗅覚にあまり頼らないとはいえ、いくつかの鳥が獲物のにおいを探知したり、においを頼りに飛ぶ方向を決めたりすることはわかっています。例えばヒメコンドルは硫化メルカ

プタンのにおいを探知できますし、実際に死んだ動物をにおいで探し当てることも示されていますが、トビが嗅覚で餌を探すという証拠は、まだありません。

もちろん、チョウゲンボウがピンポイントで獲物を探す場合にも、においを使っているということはなさそうに思います。「この辺の草原はネズミくさい」程度はわかるかもしれませんが、風の吹く中、上空から「あそこにネズミがいる」などと、嗅覚だけで突き止めるのはちょっと無理でしょう。

都市のハンターに

ハヤブサ、チョウゲンボウはともに、崖に営巣する鳥です。崖の途中にある岩棚や岩の割れ目、穴になったところなどが狙い目です。ハヤブサを海岸で見かけるのは、獲物を追うのに適した広い空間があるのに加え、崖があることも理由でしょう。チョウゲンボウは「断崖絶壁」というほどのものではない、やや土質の崖にも営巣します。

長野県中野市の十三崖では、河川の浸食によってできた崖にチョウゲンボウが集団営巣しています。近年は繁殖数が減り気味とのことですが、崖面にパイプ状の人

工巣穴を追加するなどの対策も行なわれています。

その一方、かなり以前から、人工物に営巣しているのもチョウゲンボウです。山梨県など、もともとチョウゲンボウの繁殖がよく見られた場所では、1990年代から高速道路の高架などへの営巣が知られていました。現在では鉄橋、ビルの屋上や壁面にある張り出し部など、人工物への営巣が珍しくなくなっています（屋上は丸見えのようですが、空調機器などが配置されているので、それなりに物陰はあります）。

崖のような、極めて自然度の高そうな地形と、ビルでは印象がかなり違います。ですが、これを鳥の視線で想像してみましょう。

構造という視点で条件を考えてみると、チョウゲンボウが営巣する「崖」はどう定義できるでしょう。山の一部で、地上から距離があり、傾斜が垂直に近くて外敵が接近しにくいところで、植生のような邪魔者がないので空中からは簡単にアクセスできる場所、となります。また、巣を乗せることのできる穴や割れ目、岩棚のような構造があることも重要です。

では、ビルは？

コンクリートのカタマリの一部で、地上から距離があり、壁面の傾斜は完全に垂直で外敵が接近できず、アンテナや電線を除けば周囲に邪魔者がなくて空中から簡単にアクセスでき、非常階段やテラス、換気口といった「洞穴や割れ目、岩棚」に相当するものがあります。つまり、彼らの視点を想像すれば、ビルと岩山は非常に近しい構造だとも言えるわけです。

もちろん人間がウロウロしているのが大きな違いですが、ビルの屋上や壁面というのは、ビルの中にいる人からは見えない箇所です。巣に止まったチョウゲンボウからも人間は見えません。また、「ビルの内側には人間がたくさんいて、解錠してドアを開ければ巣に近づける」などという人間の事情は知るわけもありません。つまり、相手を気にしさえしなければ、ビルは営巣場所としてそう悪くないのです。

もちろん、餌がなければ生活することはできません。ですから、建造物の周囲で昆虫や小鳥、ネズミなど、十分に餌が捕れることも必要です。ですが、ニューヨーク5番街のビルですらハヤブサが営巣していたこともあるので、彼らは意外にも、我々の身近な場所に住み着く可能性があります。都市公園を利用する、ビル街でもハトを捕まえるなどすれば、決して不可能ではないでしょう。実際、近年は東京都心の明治神宮でオオタカが繁殖していることが確認されています。冬期に飛来することは以前から知られていましたが、オオタカさえも、都市に生息することは不可能ではないのです（今のところオオタカはあまり人目の多いところには営巣しなさそうですが）。

実際、都市部にハヤブサが営巣した例は、日本でもいくつかあります。札幌、福岡、仙台などです。大阪でも営巣を試みた例がありました。チョウゲンボウはもっと多いでしょう。私の住んでいる東京都の市街地でも、「営巣しそう、ひょっとしたらもう営巣しているかも」という場所があります。営巣確認はできませんでしたが、近所の鉄橋で2羽のチョウゲンボウがカラスを追い払っているのを目撃しました。付近のビル、あるいは鉄橋で営巣しようとしていた可能性はあるでしょう。

みなさんのお住まいの地域でも、注意して見ているとビルの上から「キッキッキッキッ」という、チョウゲンボウの声が聞こえてくるかもしれません。

◎平和な巨人

トビ

Milvus migrans

全長60~68センチメートル。日常的に見る鳥の中では最大級。また「会いに行ける猛禽」でもある。だが、そのことがトビの立場を難しくしている側面もある。

最も身近な猛禽類

トビ。「トンビ」とも言いますが、標準和名ではトビです。れっきとしたワシ・タカの仲間で、系統から言えば猛禽類なのですが、あまり「猛禽」という感じがしません。まあ、猛禽は「猛獣」と同じくイメージ先行でつけられた名前であって、生物学的な分類を反映しているとは言えないのですが、鳥の場合はワシ、タカ、ハヤブサあたりの、獲物を襲って捕らえる鳥、というくらいの分類学的な括りはあります（フクロウ類を入れるかどうかは人によって意見が違うと思います）。

問題は、トビという鳥が、猛禽に対して我々が（しばしば勝手に）抱いているイメージから、かけ離れていることです。猛禽と言うと「人里離れた山奥にいて、個体数が少なく、滅多に見ることのない孤高の存在」と思いがちですが、トビは海や山に行けばやたらに飛んでいますし、どうかすると人間のすぐ頭上を舞っていて、漁港に舞い降りては網からこぼれた魚を拾い、カラスにつきまとわれて逃げていきます。こんな気弱な鳥を猛禽と呼ぶのは、どうにも字面に合っていない気がするのです。もちろん、これは勝手に猛禽と名付けた人間の問題であって、トビにはなん

ら落ち度はありませんが。

止まっているトビをしげしげと眺めたことのある人は、少ないかもしれません。まったく鳥を知らない人に、木に止まって休んでいるトビを望遠鏡で見せると、大概は「ワシですか！」と驚かれます。たしかにその通り、巨大な翼を畳んで体を覆い、大きく鋭いクチバシをもち、鋭い目つきで地上を睥睨《へいげい》する褐色の鳥は、ワシに見えます。ですが……あれは「ぴーひょろろ」とお気楽に鳴いている、あのトビなのです。

トビの全長（飛んでいる姿勢で、クチバシの先から尾の先まで）は最大で70センチ弱、翼開長は160センチもあります。トビが翼を広げると、人間の背丈ほどにもなるのです。ちなみに翼開長はハシブトガラスで約100センチ、日本のオオタカでせいぜい110センチですから、ずば抜けて大きいのがわかるでしょう。身近に見かけるなかで、トビに匹敵する（ときに上回る）翼開長の鳥といえばアオサギとダイサギくらいだと思います。

日本の猛禽類のなかでも、トビはかなり大きいほうです。ミサゴはトビよりも細

長い翼で翼開長も少し大きいのですが、体格はだいたい同じくらいでしょう。クマタカになるとトビより一回り大きくなります。それ以上となると、イヌワシ、オジロワシ、オオワシといった巨大な連中くらいです。

トビの大きさを実感できるのは、抜けた羽毛を拾ったときです。海辺に行くとトビの風切羽が落ちていることがありますが、その辺に落ちているハトやカラスの羽と比べると、どれほど大きな鳥か、よくわかるでしょう。トビの初列風切羽は40センチもの長さなのです。羽軸の硬さを見ても、相当な応力を支えている羽毛だということがわかります。それだけ重く、力の強い鳥だということです。

とはいえ体重は１キロ強です。ハシブトガラスで８００グラム程度ということを考えれば、大きさのわりには軽い、とも言えます。

カラスと似ている食生活

トビはスカベンジャー（死肉食）としての性質が強い鳥です。漁港で魚を拾っているのも、もともと水辺に打ち上げられた魚を拾って食べていたからでしょう。これ自体は別に、猛禽としておかしなことではありません。冬の知床半島に行けば、

オオワシやオジロワシが同じことをしています。高緯度地域の猛禽は、河川を遡上するサケ・マスを重要な餌資源としていることが、少なくありません。

ただ、トビの場合は、食性の大半が動物の死骸に偏っています。生活から言えば、コンドルやハゲワシに近いと言えるかもしれません。また、カラスとも近い部分があります。

もちろん、トビがまったく狩りをしないわけではありません。生きた魚を水面から摑み取ることもありますし、牧草地の草刈り直後に何羽もやってきて、バッタを獲っているのも見たことがあります。枝をかすめるように飛びつつ、梢の先からセミを捕らえていったのも見ました。他にネズミやカエルを食べていたという記録もあります。このようにトビも狩りはするのですが、捕まえているものの多くが、トビの体サイズのわりに小さく弱いのはたしかです。

トビは羽ばたかずに滑空したままスーッと飛んできて、何度か旋回するとまた飛び去る、という行動を繰り返しています。名前もまさに「飛び」なのですが、飛行時間が極めて長いのです。この行動も、餌を探すために必要だからやっていることです。彼らはさまざまな高さを飛びながらパトロールし、餌がありそうだと思うと

下りてきて確認し、見つからなければまた飛び去ってしまいます。羽ばたかずに滑空しているのも、長時間飛び回るのになるべくエネルギーを使わないためです。

実際、トビはよく見かけるわりに、（人間が関わっている場合でなければ）何か食べている姿を見ることがほとんどありません。スズメやカラスが何かを食べている姿はしょっちゅう見ます。例えば、見つけた回数あたりや、観察していた時間あたりの「餌を食べていた回数」を比較すれば、トビのほうが圧倒的に少なくなるはずです。

おそらく、トビにとって、海岸や山林で死骸を見つけるのは、そんなに簡単なことではないのでしょう。だから、何とか見つけるためには常に飛び回っていなくてはならないため、なるべく省エネで過ごしたい、ということになります。

意外にきれい好き？

こんなトビですが、繁殖生態に関する研究はあまりありません。トビの巣が見つかることも、あまりありません。基礎的な研究はされているのですが、鳥類学者でも「トビの巣を見たことがある」という人は、多くはないと思います。

大学院に上がってすぐの頃に、京都市内の下鴨神社でトビの巣を見つけたことがありました。そのときは鳥の研究を始めたばかりで、まさかそんなに珍しいとは思わず、きちんと観察もしないままになってしまいました。今思えば、惜しいことをしました。

トビの巣は高い木の上に枝を組み合わせて作られます。カラスの巣に似ていますが、もっと大きく、枝の組み方も、もう少し乱雑な印象です。猛禽の巣としては、ごく標準的とも言えるでしょう。

猛禽は巣の中に葉っぱのついたままの枝を持ち込むことが知られています。枯れてくると取り替えるので、生の葉の防虫・殺菌効果を利用しているのではないか、という説が有力です。植物の中には、虫による食害を防ぐために防虫効果や殺菌効果のある化学物質を発散させるものもあるからです。* もちろん、どんな鳥でも害虫

* 最近ヨーロッパで見つかった例ですが、小鳥がタバコの吸い殻を巣に持ち込んでいる場合があります。これもダニやシラミなど寄生虫を防ぐ効果があるようです。

や病原菌は防ぎたいでしょうが、猛禽の場合、かなり長期にわたって、ヒナに生肉を与え続けます（トビの場合は2ヶ月ほど）。そして、その餌は一口で飲み込めるものとは限らず、切り裂いたり引きちぎったりしなくてはいけない場合もあります。つまり、猛禽の巣はどうしても食べ残しで汚れやすく、腐敗菌などが繁殖しやすいでしょう。

　おそらくこのことと関連してですが、面白い話を聞いたことがあります。とある高層マンションの上層階で、ベランダに干してある洗濯物が消える、という事件が発生しました。それだけなら下着泥棒ということもあり得ますが、問題は場所です。人間に登れる高さではありませんし、玄関から侵入した形跡もありません。

　結局、この謎の「下着泥棒」の正体はトビであることがわかりました。鳥ならばベランダから洗濯物を持ち去るのは簡単です。面白いことに、このとき、緑色の下着ばかりが狙われたといいます。その理由はわかっていませんが、「営巣期に葉っぱを持ち込みたがる」ということを考えると、手軽な「緑」として狙われたかな、という気はします。

カラス v.s. トビ

トビはごく身近な猛禽として、馴染み深い鳥でした。今もよく見かける鳥のうちでしょう。しかし、例えば東京都心では、トビはほぼ見られなくなっています。昔からそうだったわけではありません。トビがほぼ見られなくなったのは、1970年代から80年代にかけてです。これと呼応するように、都心ではハシブトガラスが増加しています。

同じ餌を食べるという点でも、トビとカラスは競争関係にあります。漁港などで両者が睨み合いをしているのを、見たことはないでしょうか。大きさからいえばトビのほうがかなり大きく、実際の攻撃能力でもトビの爪とクチバシは馬鹿にならないのですが、カラスは数と強気でトビに対抗します。

また、カラスは猛禽が全般に嫌いです。オオタカなどカラスを捕食する猛禽もいるせいだと思われますが、猛禽の形をしたものにはだいたい、攻撃をしかけて追い払おうとします。トビは二重の意味で、カラスと仲が悪いのです。

おそらく、東京都心部からトビが姿を消したのは、都市の構造と、ハシブトガラスの増加の、両方が関わっているでしょう。京都市内のようにトビが悠々と飛ぶ都

市もあるのですが、京都市でトビが集中しているのは鴨川沿いです。トビが十分に飛び回ることができ、かつ、餌を漁るために舞い降りることのできる場所があるわけです。一方、ハシブトガラスはトビよりも小回りが利き、細い路地裏に入り込むのもためらいません。地上でも比較的大胆に振る舞うので、繁華街で採餌する場合、おそらくトビよりも有利です。この状況でカラスが増加してくると、トビはもう入ってこられないのでしょう。

人間とトビ

とはいえ、東京ほど極端に都市化しており、かつゴミもカラスも多い、という都市でなければ、街なかでトビを見かけることもしばしばあります。単に上空を飛行しているだけという場合も多いのですが、餌をとっていることもあります。特に多いのは海岸や河川沿いでしょうか。

トビはもともと、それほど馴れ馴れしい鳥ではありませんでした。ワシ・タカの中では人間に近いところに暮らすとはいえ、止まっているトビに至近距離まで歩いて近づける、なんてことはまずありません。どんなに近くても数十メートルは離れ

ているでしょうし、接近すると逃げます。

ですが、トビはゴミ漁りも行なう鳥です。ということは、人間の食べ物は、トビにとっても餌なのです。そして、人間は、動物に餌を与えていることもあります。

京都市内を流れる鴨川には、冬になるとユリカモメがやってきます。最近は減ったようですが、かつては川沿いのどこにでも、真っ白なカモメが見られたものです。ただし、鴨川のユリカモメの歴史はそう古いものではありません。大量に集まるようになったのは、1970~80年代に地元の人や観光客が給餌するようになってからです。

鴨川を眺めていると、散歩のついでにユリカモメやカモに給餌している人がしばしばいました。だいたいはパンの耳なんかですが、これを投げてやると、ユリカモメは上手に空中でキャッチします。水面まで落ちたパンも追いかけて食べますが、先回りしたカモが食べてしまうこともあります。じつに賑やかな光景です。

よく見ると、おじさんの足下にはドバトとスズメが近づいておこぼれを狙っており、少し離れてハシボソガラスも様子を見ています。そして、上空には、いつの間にかトビも集まってきているのです。ですが、トビがあまり人に近づくことはあり

ませんでした。だいたい、ちょっと下流で、流れてくるパンを狙っています。あるいは、ユリカモメ同士が空中でパンを取り合い、ポロッと落としたところを狙って素早くさらっていきます。

これが橋の上からパンを投げるとなると、パンを狙ってトビも積極的に参戦してきます。カモメの間を縫うように飛来すると、見事な体さばきで落下中のパンをつかんでいくのです。とはいえ、トビが人間に接近するのはその程度だ、と思っていました。ところが、20年ほど前、山口県は萩の明神池というところに行ったとき、この思い込みは見事にひっくり返りました。

明神池は海水の出入りする池で、池の魚も海水魚です。コイかと思ったらタイが泳いでいて、カレイだかヒラメだかまで泳いできたので驚きました。まるで竜宮城のようなところです。

この池では魚の餌を売っていて、観光客が水面に餌を投げていたのですが、これを狙っているのが10羽以上ものトビでした。てんでに水面に舞い降りては餌をつかみ取り、ときには空中でキャッチし、それこそ手を伸ばせば届くのではないか、という距離をトビが乱舞しています。なかには魚そっちのけで、トビに向かって餌を

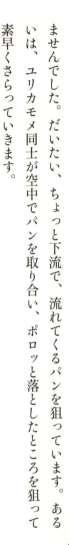

投げている人もいました。またトビのほうも、高く投げられた餌を目ざとく見つけては、空中で急旋回してキャッチする妙技を見せてくれます。

それはそれで見応えのある光景だったのですが、一瞬不安に思ったのは、「トビだって餌を与えていればドバトやカラス並みに人に馴れるのか」ということでした。こんなダイナミックな「フライトショー」を見せてくれるなら、トビへの給餌は広まってしまうかもしれない、と思ったのです。

最初に餌付けが紹介されたのは、海に面した別荘の窓から手渡しでトビに餌をやる人だったと思います（１９８８年放送のテレビ番組で、別荘での餌付けが紹介されています）。１９９５年6月号の雑誌に掲載されたマンガ『孤独のグルメ』にも、湘南海岸の飲食店で魚のアラをトビに投げ与えている描写があります。おそらく取材した結果でしょうから、この頃にはすでに、海辺の各地で餌付けが行なわれていたのでしょう。

トビを狙って給餌しているのは、１９９０年代後半に京都でも見かけました。この「トビおじさん」は毎日のように鴨川にやってきて、食パンを1枚手に持って頭上に掲げます。するとトビがスッと舞い降りてきて旋回し、慎重に風を読むと、お

じさんの手から見事にパンをかっさらっていくのでした。

鳥が「手渡しで」餌を食べるというのは大変なことです。公園で物欲しそうに寄ってくるスズメやカラスも、そう簡単に人間の手から餌を受け取ったりはしません。ドバトでさえ、集団で先を争うような場合でなければ、人の手に乗せた餌を取るのはちょっと躊躇しているのがわかります。このトビおじさんはよほど根気よく餌付けしたのでしょうが、1羽でも手渡しで食べる個体がいると、他の鳥も「人間はそれほど危険なものではない」と見なすようになります。つまり、それまで警戒心からできなかったことができるようになる、ということです。また、周囲の人間のほうもこういった光景を見ると「自分もやってみよう」と考えがちです。これは餌付けの機会をさらに増やします。つまり、鳥と人間、両方の事情により、人間への馴れが急激に加速する可能性があります。トビが餌付けされているのは、最初はニュースになるほど珍しかったのですが、次第に増えてきたな、と思っていました。

原則として、野生動物への給餌はすべきではありません。原理主義的に「ダメ、絶対」と言うつもりはありませんが（私だって公園で何か食べているときに足下にスズメがねだりにくれば、一口わけてやることはあります）、動物の生活を大きく変えてしまうほどの給餌は問題です。トビが人に対して敵対的になることはないでしょうが、ゴミを漁る鳥ではあるし、軋轢を生まなければよいのだが……と思っているうちに、トビはどんどん人に馴れてきました。

トンビに油揚げをさらわれる

その結果が、「トビが人間の食べ物をひったくる」という事件の発生でした。最初にこれを聞いたのは2000年代の前半、場所は湘南です。海岸で目を離した隙に食べ物を持っていかれた、手に持っていた食べ物を飛びながらかっさらっていった……。それはまさに、トビおじさんの手からパンを持っていく行動そのものでした。先に書いたように、トビは枝先の葉に止まったセミを飛びながらつかみ取るほどの飛行技術を持っています。歩いている人間の背後から接近し、手にした食べ物を持っていくくらい、余裕でしょう。

私の知り合いも、何人か被害にあっています。ある人は防波堤で釣りをしていて、昼飯にハンバーガーを食べようとしていたそうです。ふとよそ見した瞬間、何か巨大なものが自分の右側をかすめ、あっと思ったときには右手に持っていたハンバー

ガーが消え失せていたといいます。海岸近くを歩いていたら一瞬、頭を何かがかすってゆき、手に持っていたスナック菓子が袋ごと奪い去られていた、という友達もいます。

この2例が大きな事故にならなかったのは、トビが上手に、人間に当たらないように飛んでくれたからです。悪気はなくても、あの大きさで激突されるとこちらも痛いでしょうし、猛禽としては大したことがないとはいえ、トビの爪も大きく鋭いものです。「ついうっかり」や「人間のほうが急に動いて」爪が当たってしまった場合、大怪我はしないとしても、無傷というわけにはいかないでしょう。

この「トビによる引ったくり」を数十年前に、渡良瀬で経験したという人も知り合いにいるのですが、これは非常に珍しい例だったようです。その後、湘南を中心に増えたのですが、飛び離れた場所でも発生が見つかっており、人間に馴れた個体が移動したか、あるいは、同時並行にあちこちのトビが人間に馴れたか、でしょう。

この「事件」は年々増加し、かつ、発生範囲も広がっています。今では神奈川県の海岸付近で広く見られるようになっていますし、京都の鴨川でも発生しています。長年かけて人に馴れてきたトビが「人間は近づいても危険ではない」「人間は餌を

くれる」「人間が手に持っているものは餌だ」「人間は手渡しで餌をくれる」と学習し、ついに「人間が手に持っているものなら、直接持っていってもいい」という行動を見せ始めたのでしょう。

これはすべて、意図しなかったとはいえ、人間がトビに教えてしまったことです。トビは人間の行為を通じて、効率よく餌を取る方法を学習し、行動しているだけなのです。

ゴミの出し方を工夫すれば被害を防げるカラスと違い、トビによる「引ったくり」は防ぎにくい部分があります。せっかく海辺に来たのに、トビが来ないように屋内にこもっていては楽しくありません。常に注意を怠らずに警戒していろ、というのも無理な話です。今のところ、何か食べるときには、トビが接近できない障害物の近くにいるくらいしかありません。例えば、壁やフェンスを背にしていれば、トビは背後から飛び抜けることができません。翼開長が1・6メートルもありますから、狭い隙間を飛ぶのも無理です。

この行動は幸いにしてまだ全国に広まっているわけではないので、今のうちにトビに対して注意を払い、「人間の食べ物を狙っても無駄だ」と教え直すことができ

れば、こういった事件を減らすことができるだろうと思います。

重要なのは、「野生動物に餌を与えていると、こういう問題も起こる」と人間がきちんと認識することでしょう。餌を得られるチャンスがなくなれば、「人間から食べ物を奪う」という学習もできなくなり、やがては「引ったくり癖」のあるトビもいなくなります。トビを敵視して追い払えとか、絶対にひとかけらも餌を与えるな、ということではありませんが、人間と野生動物は適当な距離を置いたほうがお互いのためである、という場合は、しばしばあるのです。

猛禽類の苦悩

トビは日本で見られる猛禽の中では最もポピュラーな種ですが、台湾には「トビを復活させよう」というプロジェクトがあります。今、台湾ではトビが非常に少なくなっているからです。理由は強力な殺虫剤の過剰な（ときに違法な）使用でした。かつて、ＤＤＴや水銀が猛禽などさまざまな大型鳥類の繁殖に悪影響を与えたことがありました。それと同じことが、トビにも起こっていたのです。微量の有害物

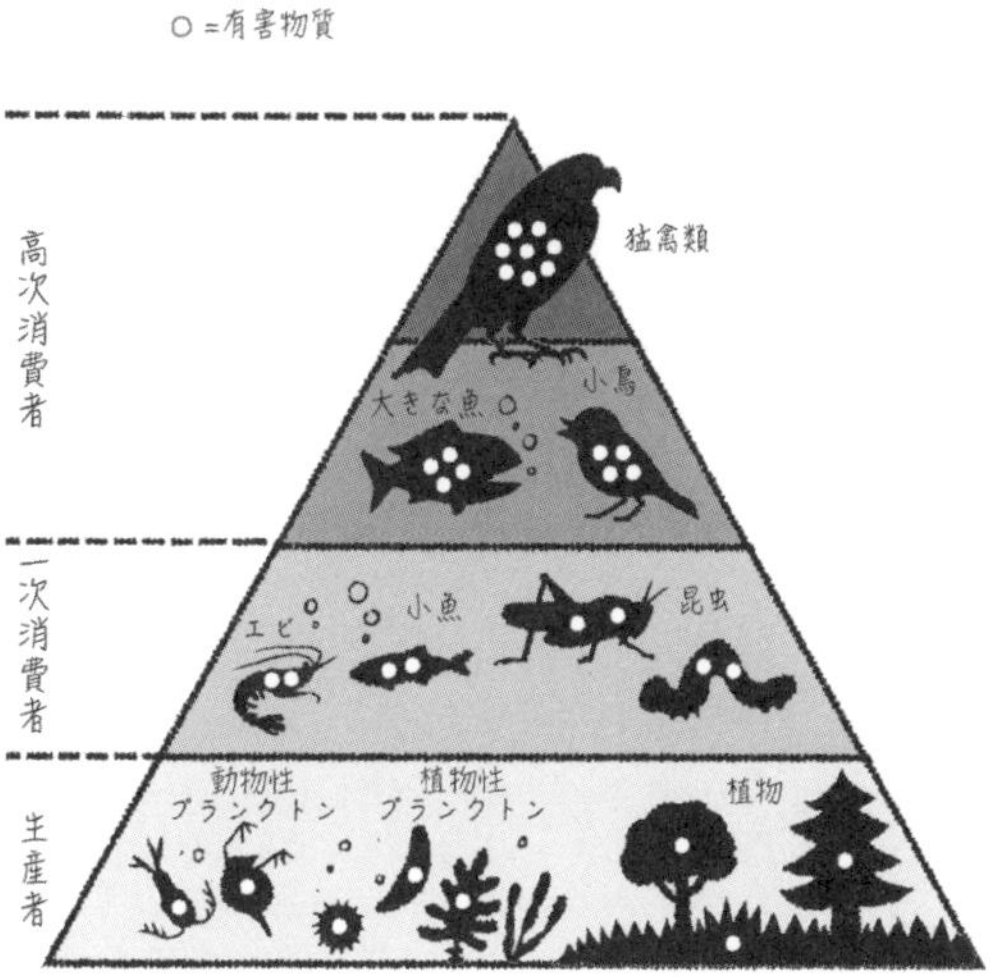

生態系ピラミッドの頂点のほうは生物濃縮の影響を受けやすい

質であっても、体内に蓄積されやすい場合、餌とともに摂取し続けた動物の体内には高濃度で溜まっていることがあります。つまり、環境中から有害物質を取り入れ、体内で濃縮してしまうわけです。それをさらに他の動物が食べると、もう1段濃縮されることになります。このような作用を生物濃縮と呼びますが、猛禽類は高次捕食者、すなわち、生態系ピラミッドの中で高い位置にいることの多い動物ですから、生物濃縮の影響を受けやすいのです。

幸いにして、少なくとも現在の日本では、農薬による目立った悪影響は見つかっていません。しかし、私の故郷である奈良県の郊外でも、トビを見かける機会は減ったように思います。おそらく、水田の減少や、圃場整備による小動物の減少が影響しているのでしょう。

身近にいくらでもいたはずの動植物が、いつの間にか姿を消している例はいくらでもあります。例えば、今やメダカが絶滅危惧種になりました。タガメとゲンゴロウもです。昔はいくらでも田んぼがあり、田んぼの周辺にはこういった生物がいて当たり前でした。それが絶滅の恐れありと見なされるまで、わずか数十年だったのです。トビもそうならないという保証は、残念ながらありません。

こういった出来事の多くは、「○○が悪い」といった単一の原因ではありません。気づいたらいつの間にか、であり、しばしばそれは「省力化によって効率を上げよう」「採算が合わないなら農業なんかやめよう」「土地が余っているから活用しよう」といった、ごく一般的な経済活動の延長にあるのが大半です。そのこと自体には反対しにくいことが、結果として、じわじわと生物の生息場を侵蝕していくという例が、しばしばあるわけです。餌付けやゴミ漁りの問題と同じく、誰もが当事者である（少なくとも当事者たり得る）、とも言えるでしょう。

◎あの鳥の名は？

ウグイス

Horornis diphone

全長15センチメートル前後。おそらく、日本でもっとも有名なさえずりを持つ鳥。大昔からその鳴き声は賞賛されてきたが、「ホー・ホケキョ」と鳴くことになったのは中世以降である。

意外と知らないウグイス

春告鳥《はるつげどり》とも呼ばれるウグイスはみなさんご存じでしょう。ですが、あまり見たことはないかもしれません。

ウグイスはスズメ程度、あるいはスズメより小柄なくらいの、小さな鳥です。といっても性的二型（雌雄の大きさや色合いの違い）が大きく、オスのほうが大きくなります。体つきはあまりメリハリがなく、細いクチバシからやや細長い頭につながり、そのまま胴体になって、特徴のない尾で終わる、ムシクイの仲間によくあるシルエットです。目の上にキリリとした淡色の眉線がありますが、それ以外に明確な模様はありません。

ウグイスを見かけない理由は、彼らがなかなか藪から出てこない鳥だからです。ウグイスは笹藪や丈の高い草むら、灌木の間などを隠れるように動いており、あまり開けた場所に出てきたがりません。高い枝に堂々と止まることも、あまりありません。生け垣などがあれば、枝を飛び移りながら動いていく姿を見ることがありますが、注意していないと見落としますし、じっくり見られるほど動かずにいることも、あまりないでしょう。ウグイスを双眼鏡に捉えてもすぐ移動してしまい、それを追ってまた視野に入れる、という感じになります。

もう一つ、見慣れていない人がウグイスを見てもピンと来ない理由は、ウグイスが「うぐいす色」をしていないからです。

ウグイスは緑がかった灰褐色で、とても地味な鳥です。現在、「うぐいす色」と言われる色はかなり鮮やかな緑色のことが多いのですが、実際のウグイスの色とはかけ離れています。市販の「うぐいす餅」の色はむしろ、メジロの色なのです。「梅にウグイス」の絵として緑色の小鳥が描かれていることがありますが、あれはお約束として「うぐいす色」に塗ってあるだけで、ウグイスの本当の色ではありません。むしろ、これはメジロなのではないか、という絵もあります。

実際、春先に梅の枝にわかりやすく止まっているのは、メジロのほうが多いような気がします。ウグイスが梅の枝に来ないわけではありませんが、堂々と長時間止まっていることはありません。すぐに藪の中に引っ込んでしまうからです
もっとも、繁殖期の初期には高い枝に止まってさえずりを響かせることもなくはないので、あの絵が完全に間違いだとは言えないのですが……。まあ、「松に鶴」などと同じく、お決まりの絵柄としての「お約束」という部分はあるでしょう。

メジロ

ちなみに「松に鶴」は完全な間違いです。ツルは地上性の鳥で、マツの木に止まることはほぼないでしょうし、まして樹上に巣をかけることもありません。ツルの巣は地上にあります。マツの上に巣を作っている大きな白い鳥がいるとしたら、それは多分コウノトリです。もっとも江戸時代の文献ではコウノトリを「かうつる」つまりコウヅルと書いているとがあり、ツルの一種だと考えていた節があります。そうなると、「どうせツルなんだからタンチョウにしちゃってもいいや」という、当時の常識としては許せる程度のフィクションであったのかもしれません。

一方、絵としてはともかく、昔の人がウグイスとメジロを混同していたわけではありません。どちらも飼い鳥としてポピュラーな鳥でしたから、間近に見る機会はいくらでもあったはずです。また、江戸時代の図鑑などを見ても、ウグイスとメジロはちゃんと描き分けられています。

「うぐいす色」についてもう一つ考えなくてはいけないのは、あの色は果たして昔からあんなに鮮やかだったのか、ということです。子供の頃、実家ではヨモギを摘んできて草餅を作ったものですが、呆れるほどのヨモギを摘んで、洗って、蒸して、必死に潰して（野草なので固いのです）餅に混ぜ込んでも、うっすら緑色にしかならなかったものです。色素を抽出するような工夫をすれば別でしょうが、果たして昔の「うぐいす餅」は今売られているもののような、鮮やかな濃い緑色だったのでしょうか？　昔はもっと、本物のウグイスの色に近かったのではないか、という気がします。いつの間にかメジロ色になってしまったのは、着色料の発達によって、うぐいす餅の色がどんどんメジロに近づいただけのことかもしれません。それと同時に我々がウグイスを見かけることが減り、「ウグイスの本当の色」を忘れたまま、うぐいす餅の色のイメージに引っ張られているとしたら、なんとも奇妙なねじれ現象と言えるでしょう。

オスの仕事は歌をうまく歌うこと。以上

さて、ウグイスといえば、「ホーホケキョ」という鳴き声と切り離せませんね。この鳴き声はオスのさえずりで、他のオスに対する「ここは自分のナワバリだ」という宣言であり、同時にメスに対しては「ここにナワバリを構えてメスを待っている僕がいますよ」というメッセージでもあります。

よく聞いていると「ホーホケキョ」にも高い声と低い声の2種類あることがわかります。音譜で言えばハ長調のソで始まるかドで始まるか、くらいの差です。この2種の声は使い分けられており、高い声はナワバリの中心部で出す声、低い声はナワバリの周辺部で、しかもライバルが近づいているときに出す声です。周囲にいる不特定多数に対してナワバリを主張することと、特定の相手に向かって「おいそこのお前、聞いてるのか」と睨みを利かせることの違いと言えばいいでしょうか。

また、「ホケキョ」の部分にはある程度のバリエーションがあります。よく聞い

てみると「ホケケキョ」とか「ホケキョキョキョ」みたいに少し伸びることがあり、音にも複雑な揺らぎが出ます。一方、近縁なダイトウウグイスでは歌がより単純になっています。オス間の競争が少なく、のんびりしているので、あまり必死に鳴いてメスを呼ばなくてもいいのか、あるいは環境が違うために、通りやすい声が違っているのか、このあたりは今も研究が続けられています。

さえずり以外には「笹鳴き」と呼ばれる「チャチャチャッ」という声が有名です。これは非繁殖期でも、また性別を問わずに発する音声です。「谷渡り」と呼ばれる「ケキョケキョケキョケキョケキョ……」と長く続ける音声もあり、なんらかの警戒音なのではないか、とも言われていますが、まだ意味はよくわかっていません。

ウグイスは一夫多妻で、オスのナワバリにメスが訪れて、勝手に営巣していきます。同じ一夫多妻でもオオヨシキリのオスはある程度の子育てをしますが、ウグイスのオスは一切何もしません。交尾が終わるとメスは自分で巣を作り、産卵し、抱卵し、ヒナを育てます。歌がうまく、いいナワバリを持っていること、それがウグイスのオスに求められるすべてです。

ですが、オスが絶対に何もしないというわけでもなさそうです。私たちがある河

オスとナワバリの中で、せっせと子育てするメスたち

川敷でウグイスの巣を探していたところ、草むらに潜んでいた巣立ち間もないヒナを見つけました。これを捕獲して計測して写真を撮り、再び藪に戻したのですが、この間、メスだけでなく、オスも心配そうに近くに来ていました。さらに、昆虫をくわえたオスがヒナのいる藪の中に入り、出てきたときには餌がなくなっている、という状況も観察しました。決定的な瞬間は見られなかったものの、これはオスによるヒナへの給餌だったと考えられます。極めて珍しい観察例で、少なくともそれまで論文に報告されたことはなかったはず

です。ヒナが人間に捕まって声を上げているという異常な状況ではありましたが、いざとなれば、ウグイスの父ちゃんだって子供を心配して見にくることもあるのでしょうか。

次世代へ歌を

このように子育てはしないオスですが、一つ、重要な役割があります。

ウグイスをはじめ、美しいさえずりを持った鳥の多くは、練習しないと上手に鳴けません。歌を構成する音素はもちろん、生まれつき発声することができますし、音素をいくつか組み合わせたフレーズの切れ端くらいまでは、歌うこともできます。ですが、それをすべて組み合わせ、完成された歌にするためには、同種の歌を聞いて記憶しておくことが必要です。

例えばジュウシマツは、ヒナの間に聞いた歌を記憶していることがわかっています。自分が性成熟して歌い出す年齢になると、自分の歌声を、記憶の中の「お手本」と比較しながら練習します。ちょっと歌っては戻り、歌っては戻り、練習しながら上手になるのです。

こういったソングバードの記憶や練習のプロセスは、鳥の種類によって違いがありますが、大ざっぱに言えば、ウグイスでも何でもだいたい同じです*。鳥たちは1年の間にも、歌を覚えたり忘れたりを繰り返します。鳥の歌を制御する神経核は非繁殖期になると本当に縮小してしまい、冬の間は機能が低下しています。春になると再び活性化しますが、どうやらその間に歌を忘れてしまうようです。2月頃、注意して聞いていると、「ホー、ホ、ホケ？　ホケ……　ホッケッ……キョ？」と、たどたどしく声を出しているウグイスに出会うことがあります。去年生まれたばかりの若造ならば歌うのは初めてですから当然ですが、前年に足環をつけて標識した個体もやっぱり下手クソだったので、ある程度は練習し直さないといけないのでしょう。

さて、ウグイスの歌にお手本があるということは、手本となる、いわば「師匠」の歌が上手か下手かに、弟子たちの歌の完成度も影響されるということになります。そして、巣の中で育つヒナたちにとって、一番近くで聞こえる歌は、父親のものなのです。つまり、ヒナは父親の声をお手本に、歌を覚えます。歌によってライバルを追い払い、メスを呼び寄せるのであれば、ウグイスのオスにとって上手に

歌えることは必須条件でしょう。ということは、よい歌を歌うための遺伝的な条件のみならず、息子たちによいお手本をも提供できる「歌のうまいオス」は文句なしのイチオシ、超優良物件のオスということになるでしょう。

おそらく、この辺が「オスは歌っているだけで何もしなくていい」という、雌雄の繁殖投資の極端な非対称の原因だと考えられます。メスにしてみれば、そういうオスと交尾して卵を産んでおけば、息子たちは父親の血を引き継いで歌の素質があり、しかも父の上手な歌を間近に聞いて育つことができます。将来は父と同じく、多くのメスを引きつけるオスになるでしょうから、子孫繁栄は約束されたも同然です。つまり、オスはそれだけの価値のある「黄金の歌声」を提供し、メスはそれ以外の子育てに必要な投資を引き受ける、という取引になっているのでしょう。

このあたりは、人間になぞらえて考えるとずいぶん身も蓋もない、冷徹な計算だ

＊ このプロセスなしにきれいな声で鳴くのは、生みの親と一度も接点を持たない托卵鳥の仲間です。カッコウもホトトギスも、血のつながった父親の声を聞くことはありません。また、育ての親の歌とはまったく違います。彼らの歌は完全に遺伝的に決まっていて、お手本なしで歌えます。

ったりするのですが、動物自身がそういう小狡《こざか》しい計算をしている、ということではありません。遺伝的に決まった行動であったり、もっと単純な情動に突き動かされるようなものであったりしてもいいのです。遺伝的にそのような行動をとる傾向のある個体は繁殖成功度が上がり、結果として次世代にその子孫を残すでしょう。これを繰り返せば、やがてその行動は個体群全体に広まります。「次世代の個体をたくさん残すような遺伝的形質は、自動的に広まる」というのが、進化的に有利な戦略のキモなのです。

先に書いたのとまったく同じことを「お父さんは歌に専念し、お母さんはそんなお父さんの歌が大好きだったので、他の家事を全部こなしてあげました。子供たちはみんなお父さんに似てとっても歌が上手で、お父さんの歌を聞きながら育ちました」と書けば、ずいぶん印象が変わるでしょう。逆に「オスは繁殖成功という、メスにとって決して拒否することのできない報酬をちらつかせることで複数のメスの行動を制御し、自らの繁殖成功に奉仕させるのに成功した」と書けば、ずいぶん悪辣に聞こえるでしょう。このあたりが、口語的な表現の怖いところであり、何か意図的な解釈を混ぜることの怖さです。生物学者が身も蓋もないドライな表現に徹す

る、あるいは、動物の行動を通して人間の社会について、ちょっとイイことを言ったりするのに慎重なのは、こういう理由からです。

日本人とウグイス

それはともかく。ウグイスの歌には師匠がいるわけですが、これは別に父親でなくても構いません。普通は父親の歌を手本にしますが、これは単にいつも近くで聞こえるからであり、別に血縁を検出しているわけではありません。「いつも大きな声でよく聞こえる、あの歌」でありさえすれば構わないのです。

そこで、人間がウグイスを飼育するときは、歌のうまい師匠の鳥カゴの横で育て、上手な歌を覚えさせるということもありました。

こういった、ちょっとやりすぎな感のある飼育方法が発達したのは、かつては飼っているウグイスやヒバリなどの小鳥に歌声を競わせる会があり、いかにして歌のうまい鳥を育てるか、必死に研究したからです。

本来、ウグイスは昆虫食で、飼育に手間のかかる鳥です。人間が育てようとすれば、親鳥と同じペースで次々に昆虫を捕まえてくるか、いっそ餌用の昆虫を飼育しておくか、です。どちらも楽なことではありません。江戸時代にこれを解決したのが、すり餌の発明でした。穀物を挽いたものにタンパク源として魚粉を加え、さらに菜種などで脂肪分を、青菜でビタミンを、貝殻でミネラルを補い、いわば完全栄養の代用食として完成させたものが、ペースト状のすり餌です。これをヘラですくってヒナの口に突っ込むことで、昆虫食の鳥も育てることができたわけです。

また、競技会ですから、普通に鳴くだけでは評価されません。「上げ声」「中声」「下げ声」の３つが鳴けないとダメで、これは野生では出さない鳴き方だそうなので、師匠をつけての訓練が必須になります。6月、7月、11月に数週間ずつ、師匠につけて歌を聞かせるそうで、特に最後の「仕上げづけ」が重要だとされていました。動物作家の小林清之介は著書『日本の小動物誌』の中で「大阪の布施市にウグイス学校があるということを聞いた」と書いています。歌の上手なウグイスを飼っておいて、３声１００円で歌を聞かせたそうです。習い事でお師匠様のところに通い、お手本を聞かせてもらっているわけですね。ちなみに１００円とはずいぶん安いようですが、「五、六年前のことだから、今は倍か、それ以上になっていることだろう」とも書いているうえ、この本自体が昭和43（１９６８）年の発行です。昭和

40年頃の大卒の公務員の初任給が2万円ほど、今は20万円くらいですから、今の感覚だと「3声2000円」といったところでしょうか。

鳥の歌の学習機構が解明されるよりはるかに前から、このような飼育技術があったのは驚くべきことではありません。ただ、現在は保護の観点から、ウグイスのような野鳥を飼育することは禁止されています。飼育許可証のある個体であれば飼育できた時期もあるのですが、これも海外から許可証つきのメジロを輸入し、日本で密猟したメジロとすり替えて売る、という違法行為が横行したため、現在は原則として野鳥は飼えないことになりました。わざわざすり替えるのは、日本の、特に屋久島などのメジロは声がよいとされていて、高値で売れるからです。しかも、許可証欲しさに輸入された個体は用済みになると放逐されてしまうので、海外の亜種を日本で野生化させることにもなってしまいました。鳥の飼育そのものは長い歴史を持った文化であり技術なのですが、こういった負の側面があることも、忘れるわけにはいかないでしょう。

ところで、この節の最初に書いたように、ウグイスの歌声は「ホー・ホケキョ」

というのが常識です。ですが、この常識が成立したのは、おそらく鎌倉時代よりも後のことだろうと言われています。

ホー・ホケキョという聞きなし（鳴き声を人間の言葉に当てはめたもの）は、じつは漢字を当てることができます。法・法華経です。

法とは仏法のこと、法華経は法華宗すなわち天台宗で唱えられるお経や教義のことです。法華経自体は奈良時代から伝わっていましたが、仏教が貴族の間に広まるのは平安時代、庶民にまで広まるのはさらに後のことですから、それまでは普通の人が「法・法華経」なんて言われてもピンとこなかったはずです。

では、それまでは何と鳴いていたかというと、平安時代の歌にそのヒントがありました。「ホトトギスもウグイスも自分の名を名乗るとは律儀なことよ」という意味の歌が残されているのです。ホトトギスの鳴き声を聞こえた通りに書けば「キョッキョキョッキョッキャッキャッキョッキョ」くらいになりますが、日本ではこれを「ホトトギス」と聞きなしました（ホトトギスにしては一音節多いような気がしますが、鳴き終わりは一節短いので、ちゃんとホトトギスと聞こえます）。つまり、ホトトギスは「ホトトギス」と鳴いて名乗っていたわけです。ではウグイスが名乗るとは？

藪の中に作られた卵型の巣

この頃の聞きなしでは、ウグイスの声は「うぅくひす」だったからです。現代風に書けば「うう」は「ウー」、「くひす」は「クイス」か「グイス」でしょう。つまり「ウーグイス」となります。そう思って聞けば、なんとなく「ウー……グイス！」と聞こえませんか？

巣の中の攻防

さて、ウグイスは藪の鳥ですが、繁殖もやはり、藪の中で行ないます。代表的な営巣環境は山地のササ藪ですが、低灌木が茂ったような場所でも構いません。姿を見せずに出入りできて、巣を固定できる場所なら構わないようです。

ウグイスの巣は卵型です。皿形のいわゆる「鳥の巣」とは違い、カプセル状になっていて、上部の側面に入り口があります。高さ15センチほど、直径10センチほどの、枯葉を編んだものです。ササなどの茎に巣材を絡みつけるようにして止めてあります。巣の位置はあまり高くはなく、せいぜい1メートルから、低いときには地上数十センチほどのこともあります。

ウグイスの卵は小豆《あずき》のような赤色をしています。珍しい色ですが、どうせ巣を覗くことはできないので、何色でも構いません。ですが、何色でもいいなら、白にしておくのが楽なはずです。卵の色は親鳥がわざわざ体内で色素を生産して着色したものですから、色をつければそのぶん、コストがかかります。わざわざこんな不思議な色にしたのはなぜでしょう。

これについては、樋口広芳の有名な研究があります。一言でいえば、托卵を見破ろうとする進化競争の結果だというものです。

ウグイスに托卵するのはホトトギスです。ホトトギスはウグイスの産卵が始まるのを待って巣を訪れ、産んである卵を1個抜き取ると、代わりに自分の卵を1個産

351　**ホトトギス**

んでいきます。ホトトギスはウグイスよりだいぶ大きな鳥ですが、卵の大きさはあまり変わりません。カッコウ科の鳥はだいたい、体のわりに小さな卵を産みます。宿主（ホスト）の卵と極端に大きさが違うとバレるという理由もあるでしょうし、小さな卵をたくさん生産し、あちこちの巣に産んで回ることで繁殖成功を確保するという意味もあるのでしょう。托卵鳥は自分で子育てをしないので、卵やヒナの世話を自分で工夫することができません。卵の数を増やし、かつ分散させることでリスクを回避するしか、繁殖成功度を上

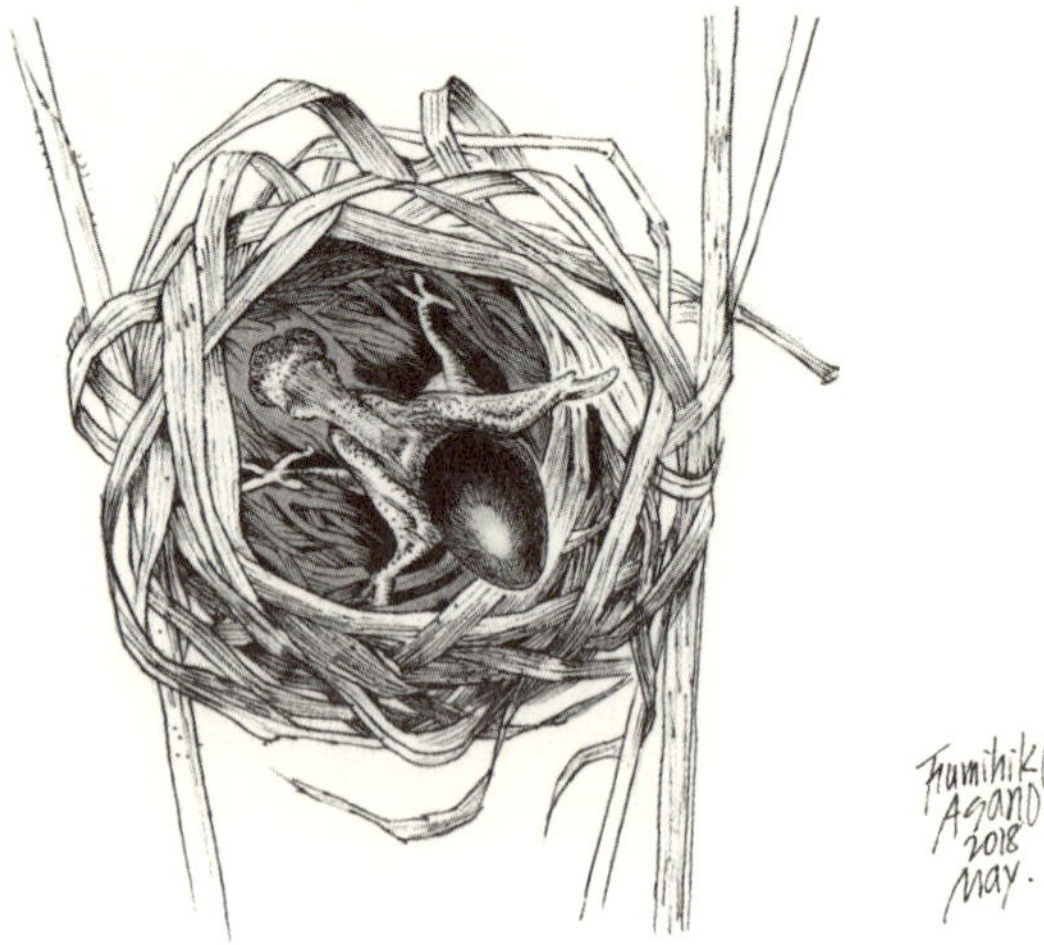

巣の中で卵をすべて捨ててしまう托卵鳥のヒナ

げる方法がないのです。自分で子育てする鳥の場合、むやみに卵を増やしても育てきれないので、あまりメリットがありません。

さて、托卵鳥のヒナは宿主のヒナよりも先に孵化します。そして、巣の中を後ずさりしながら歩き、背中に触れた宿主の卵をすべて、巣の外へ放り出します。これは本来、糞などの異物を巣の外へ排除しようとする行動だったと言われていますが、カッコウ科の場合、ヒナの背中に「いかにも何かを乗せやすそうな」窪みが進化するまでになっています。

かくして、托卵鳥はこの巣の唯一の

ヒナとなり、餌を独り占めして大きく育つことができるわけです。一方、宿主にとっては、生んだ卵がすべて排除されてしまうので、営巣は完全な失敗となります。おまけに本人はホトトギスのヒナを自分の子供のつもりで育てているので、すぐ再営巣することもできません。宿主にとっては大損なのです。

この大損を防ぐ方法の一つは、とにかくホトトギスを見たら攻撃しまくることです。そしてもう一つが、偽の卵を見抜くことです。托卵される鳥は、卵識別能力を高めてきました。同時に、特有な色やパターンを持った卵を産むことで、托卵鳥が真似しにくいようにしています。卵に模様をつけるのも一つの方法ですが、ウグイスは卵に色をつけることで、ホトトギスによる托卵をかわそうとしたのだと考えられています。一方、ホトトギスのほうも、宿主に見抜かれないように、ウグイスそっくりの赤い卵を産むように進化しています。

現状では、ホトトギスの擬態のほうがウグイスの識別眼に勝っているらしく、効率よく偽物を見抜いて放棄することはできていないようです。

幻のダイトウウグイス

さて。かつて、日本にはダイトウウグイスという固有の亜種がいたことになっています。南大東島で折居彪二郎《おりいひょうじろう》が1922年に採集したものです。折居は日本の有名な標本採集者で、オリイコゲラ（コゲラの沖縄亜種）も彼の名前にちなんでいます。ところが、このウグイスはその後記録がなく、絶滅したものと考えられていました。

ところが2002年、京都大学の梶田学らの調査により、沖縄本島のウグイスの中に、変なウグイスが混じっているのが発見されました。沖縄には亜種リュウキュウウグイスが留鳥として分布することになっていたのですが、よく調べると沖縄の「ウグイス」には背中が褐色のタイプと灰緑褐色のタイプが混在し、繁殖しているのは褐色型だったのです。どうやら、緑っぽいほうはロシアから冬になると渡ってくるカラフトウグイスのようで、これを留鳥だと勘違いし、リュウキュウウグイスと呼んでいた可能性が高いのです。そして、外部形態を細かく計測して比べてみると、繁殖している褐色型の特徴はダイトウウグイスの記載と一致していました。してみると、沖縄で繁殖していたウグイスは、じつはダイトウウグイスだったのでは？

　まずいことに、ダイトウウグイスの同定の基準となるタイプ標本は戦災で焼失してしまいました。ですから、私たちはもはや、「これがダイトウウグイスです」という標本と、沖縄で繁殖しているウグイスを直接比較することができません。ですが、少なくとも「ダイトウウグイスである可能性が非常に高い」という結論は得られました。

　一方、2003年には大阪市立大学（当時）の高木昌興らが、ウグイスがいなくなったはずの南大東島でウグイスが繁殖していることを発見しました。一時期は本当にいなくなったようですが、島の人によると1990年代終わり頃から見かけるようになった、とのこと。さらに国立科学博物館の濱尾章二らが調査したところ、奄美地方でもそれらしい鳥が見つかり、喜界島で営巣が確認されました。

　小笠原を含めたウグイスの系統関係は今後も研究が必要ですが、絶滅したはずの「ダイトウウグイス」は、人知れずあちこちに分布し、ひっそりと藪の中で生き続けていたようだ、というのが、この発見です。

おわりに——今日も鳥を見ています

今、この文章を書いているのは職場のオフィス、目の前に東京駅が見える大都会の真ん中です。通りは人通りが絶えず、車もびっしりと連なっています。

そんな場所ですが、決して鳥がいないわけではありません。新丸ビルの脇、内幸通りの並木にはスズメが営巣しています。ＪＰタワーとＴＯＫＩＡビルの間にはハクセキレイがいますし、どうやらシジュウカラも近くで繁殖している様子。上空をハヤブサが飛んだのも何度か見ました。日比谷のほうまで行けばイソヒヨドリを見たことがありますし、丸の内ロータリーにはハシブトガラスだってナワバリを持っています。

こういった身近な鳥たちの行動のあれこれ、ちょっとした雑学を、この本では紹介しました。これを足がかりにして、身近で生きている鳥に関心を持ってもらえれば幸いです。都市部の鳥たちは決して「開発によってすみかを奪われたので嫌々そこにいる」わけではありません。また、人間に依存しきった生活をしているとも限りません。人工物であろうが何だろうが、鳥にとっては環境の一部であり、使えるものを使い、お互いに関係し合いながら生きている、タフな自然の姿がそこにあります。それは常に生命として、あるいは隣人として、敬意を払うべきものであり、あまりに無関心でいるわけにもいかない、と思うのです。

さて、こんなことを書いている間にも、窓の外をカラスが飛びました。あれは多分、抱卵中のメスに餌を持っていったハシブトガラスのオスです。うまくすれば巣の中の様子がわかるかもしれません。

こうしてはいられません。ちょっと見てきます。

2018年5月

松原 始

参考文献

D. Goodwin. 1982. *Crows of the World* 2nd *edition.* British Museum Natural History.
Madge& Hilary Burn.1994. *Crows and Jays.* Steve Helm Publishing.
Franklin Coombs. 1978. *Crows.* B.T.Batsford.
松原始　２０１２『カラスの教科書』雷鳥社。
コンラート・ローレンツ　１９８７『ソロモンの指環』早川書房。
フランク・B・ギル　２００９『鳥類学』新樹社。
小林清之介　１９６８『日本の小動物物誌』毎日新聞社。
三上修　２０１２『スズメの謎』誠文堂新光社。
三上修　２０１３『スズメ――つかず・はなれず・二千年』岩波書店。
三上修、三上かつら、松井晋、森本元、上田恵介　２０１３「日本におけるスズメの個体数減少要因の解明：近年建てられた住宅地におけるスズメの巣の密度の低さ」Bird Reserch vol.9.ppA13-A22.
平野敏明　１９８５「宇都宮市におけるセキレイ類3種の繁殖環境」Strix 4. pp1-8.
平野敏明　２００５「宇都宮市におけるセキレイ類３種の生息分布と生息環境の変化」Bird Research Vol.1 ppA25-A32.
山岸哲、松原始、平松山治、鷲見哲也、江崎保男　２００９「チドリ類３種の共存を可能にしている河川物理、洪水にともなう分級」応用生態工学　12（2）pp79-85.
林哲　１９８８「イソヒヨドリの種子散布」福井市立郷土自然博物館研究報告35. pp1-8.

著者略歴

松原 始（まつばら はじめ）

1969年、奈良県生まれ。東京大学総合研究博物館 特任准教授。

京都大学理学部卒業、同大学院理学研究科博士課程修了。

理学博士（京都大学）。専門は動物行動学。

著書に『カラスの教科書』『カラスの補習授業』（雷鳥社）、『カラスと京都』（旅するミシン店）、『カラス屋の双眼鏡』（ハルキ文庫）、『カラス先生のはじめてのいきもの観察』（太田出版） など。

鳥類学者《ちょうるいがくしゃ》の目《め》のツケドコロ

2018年 7月25日　初版発行

著者	松原《まつばら》 始《はじめ》
DTP	WAVE 清水 康広
イラスト	浅野 文彦
校正	曽根 信寿
装丁	石間 淳
発行者	内田 真介
発行・発売	ベレ出版 〒162-0832　東京都新宿区岩戸町12 レベッカビル TEL.03-5225-4790 FAX.03-5225-4795 ホームページ　http://www.beret.co.jp/
印刷	三松堂株式会社
製本	根本製本株式会社

ISBN 978-4-86064-553-3 C0045　　編集担当　永瀬 敏章